"创新设计思维"
数字媒体与艺术设计类新形态丛书

全|彩|微|课|版

SAI+Photoshop
插画设计

互联网＋数字艺术教育研究院 策划

綦雪 陈英杰 马丽 主编

甘忆 朱戎 李宏 副主编

U0160693

人民邮电出版社
北 京

图书在版编目（CIP）数据

SAI+Photoshop插画设计：全彩微课版 / 綦雪，陈英杰，马丽主编. -- 北京：人民邮电出版社，2024.3
（"创新设计思维"数字媒体与艺术设计类新形态丛书）
ISBN 978-7-115-63495-5

Ⅰ. ①S… Ⅱ. ①綦… ②陈… ③马… Ⅲ. ①图像处理软件 Ⅳ. ①TP391.414

中国国家版本馆CIP数据核字(2024)第010269号

内 容 提 要

本书介绍了插画的相关概念和基础知识，以及通过 SAI 和 Photoshop 两款软件进行数字插画绘制的方法。本书分为三部分：第一部分是插画概念和传统插画基础，包括第 1 章、第 2 章；第二部分是软件基础，通过介绍软件的各种功能帮助读者解决软件使用的相关问题，包括第 3 章、第 4 章；第三部分是软件应用部分，通过各类插画设计案例，帮助读者熟悉使用 SAI 和 Photoshop 绘制插画的流程，从而熟练掌握软件的应用方法，达到自由创作的水平，包括第 5～第 9 章。

本书适用于各类院校视觉传达、动画、插画、网络与新媒体、游戏设计等艺术设计相关专业的在校生，同时也适用于数字插画从业者和数字插画爱好者。

◆ 主　　编　綦雪　陈英杰　马丽
　　副主编　甘忆　朱戎　李宏
　　责任编辑　韦雅雪
　　责任印制　王郁　陈犇
◆ 人民邮电出版社出版发行　　　北京市丰台区成寿寺路 11 号
　　邮编　100164　　电子邮件　315@ptpress.com.cn
　　网址　https://www.ptpress.com.cn
　　雅迪云印（天津）科技有限公司印刷
◆ 开本：787×1092　1/16
　　印张：13.5　　　　　　　　　　2024 年 3 月第 1 版
　　字数：401 千字　　　　　　　　2024 年 3 月天津第 1 次印刷

定价：79.80 元

读者服务热线：(010)81055256　印装质量热线：(010)81055316
反盗版热线：(010)81055315
广告经营许可证：京东市监广登字 20170147 号

前 言

插画设计是广告学、艺术设计专业的一门重要的基础必修课程。课程的主要任务包括让学生了解商业插画的历史和概念、变化与发展以及应用领域和表现形式，结合实际案例，灵活使用绘制工具进行插画的创作，着力培养学生的绘制能力、创新能力和设计能力。

SAI和Photoshop是插画设计课程中的常用工具。

SAI是为了让数控画笔发挥最大优势而推出的软件，它能给用户带来如同在现实世界中用各种笔创作数字插画的体验。SAI可以进行线稿的绘制和上色，可以分层保存，可以将文件输出为大多数图形图像格式，配合后期处理软件，制作出专业的插画。

Photoshop是处理图像不可或缺的工具，具有良好的兼容性及丰富的滤镜和调色合成功能。可以说，熟练使用Photoshop已经是艺术设计专业学生的基本技能之一。

本书围绕插画设计进行讲解，内容包括多种手绘技法的训练（水彩、彩铅和马克笔），两种插画软件SAI和Photoshop的练习，插画与数字媒体、平面设计等相结合的应用实践。本书能帮助读者正视插画在现代视觉传达设计体系中的地位，了解插画在现代商业案例中的实际运用方法，并初步具备手绘和运用计算机绘制插画的能力。

本书主要具有以下特色。

（1）内容全面。从传统插画到数字插画，从SAI到Photoshop，从线稿绘制到填色练习，从理论知识到应用实践，本书知识涵盖面广又不失细节，非常适合作为艺术设计专业相关课程的教材。

（2）案例丰富。本书结合丰富的商业案例，由浅入深、循序渐进地讲解相关软件的功能，可帮助读者熟练掌握软件的应用方法，提高使用软件进行插画设计的能力。

（3）资源齐全。本书部分知识点提供了微课视频，扫描二维码即可观看。同时，本书还提供了配套的教学资源，包括PPT课件、大纲、图库、素材文件、常用画笔、色卡等，读者可登录人邮教育社区（www.ryjiaoyu.com）进行下载。

本书由綦雪、陈英杰、马丽担任主编，由甘忆、朱戎、李宏担任副主编。由于作者水平有限，书中疏漏之处在所难免，希望各位读者能对本书提出意见和建议。

编者
2024年1月

目 录

第 4 章
Photoshop 数字插画设计基础

第 5 章
线稿的掌握和练习

第 6 章
线稿的填色练习

第 **7** 章

唯美类漫画插画设计

第 **8** 章

风格类插画设计

第 **9** 章

Photoshop 插画绘制：古典佳人

第 1 章 插画概述

目前，插画受到许多人的喜爱，绘制插画成为一种休闲和娱乐的方式。绘画爱好者首先要了解插画的基础知识，这样才可以准确地绘制出完美的插画作品。

1.1 插画的定义和发展

　　插画是一种艺术形式，作为现代设计的一种重要视觉传达形式，插画以其直观的形象性、真实的生活感和美的感染力，在现代设计中占有独特的地位。目前插画已广泛应用于现代设计的多个领域，涉及社会公共事业、商业活动等方面，如图1.1所示。

自由创作插画

影视插画

版画插画

绘本插画

图1.1

　　插画包括出版物配图、卡通吉祥物形象、影视海报、游戏人物设定及游戏内置的美术场景设计、广告、漫画、绘本、贺卡、挂历、装饰画、包装等多种形式。延伸到网络及移动平台上的虚拟物品及相关视觉应用等，都可称为插画。

　　插画最早也叫插图或漫画。插图在中国民间由来已久，目前已无从考证插图的源头。在古代，插图较多的《本草纲目》一书中，就有草药插图1000余幅。"漫画"二字起源于北宋，最初使用"漫画"二字的是北宋学者、画家晁说之，其在著作《景迂生集》中说："黄河多淘河之属，有曰漫画者，常以觜画水求鱼。"这里的漫画是一种水鸟的名称，它因为捕鱼时潇洒自如，像在水上作画而得名。1925年5月，《文学周报》连载丰子恺的画并注明其为漫画，这是中国最早被称为漫画的作品。《本草纲目》中的部分插图和丰子恺的《风云变幻》如图1.2所示。西方漫画源自英国，19世纪的法国画家杜米埃在西方漫画史上取得了辉煌的成就。作为绘画艺术的一个分支，漫画发展至今天，已嬗变成了3种形态，即讽刺幽默的传统漫画、叙事的多幅或连环卡通漫画、探索性的先锋漫画。讽刺幽默的传统漫画我们经常看到。叙事的多幅或连环卡通漫画是借鉴卡通手法、风格而编画的连环漫画。

《本草纲目》 李时珍

《风云变幻》 丰子恺

图1.2

史料记载，早在15世纪的欧洲，一些夸张变形的人物形象就出现在绘画作品中。意大利文艺复兴时期的著名画家达·芬奇和英国工业革命时期的画家威廉·霍加斯的素描稿和油画作品中频频出现一些夸张变形的人物造型，尤其是霍加斯的代表作《打瞌睡的教友》《时髦婚姻》《性格与漫画》等，《时髦婚姻》如图1.3所示。

《时髦婚姻》 霍加斯
图1.3

插画有着悠久的历史，从西班牙古老的原始洞窟壁画到日本江户时代的民间版画浮世绘（见图1.4），无一不展示着插画的发展。插画早先是在19世纪初随着报刊、图书的变化发展起来的。而它真正的黄金时代则是20世纪五六十年代，首先从美国开始。当时的插画作者多半是职业画家，后来由于受到抽象表现主义画派的影响，插画风格从具象转变为抽象。直到20世纪70年代，插画又重新回到了写实风格。

原始洞窟壁画 　　　　　　　　　《神奈川冲浪里》 葛饰北斋

图1.4

发展到今天，插画被广泛应用于社会的各个领域。随着艺术的发展和新的绘画材料及工具的出现，插画进入商业化时代。在商业化时代，插画的概念已远远超出了传统的范畴。现在，插画作者们不再局限于某一风格，他们常打破以往只使用一种材料的方式，广泛地运用各种手段，使插画的发展获得了更为广阔的空间和无限的可能。新中国成立后，插画在国内以黑板报、版画、宣传画的形式发展，20世纪80年代开始借鉴国际流行风格，20世纪90年代中后期随着计算机技术的普及，更多使用计算机进行插画设计的新锐作者涌现，代表作品如图1.5所示。

图1.5

1.2 插画的类别

不同的插画有着不同的特点及风格，那么插画有哪些类别呢？从功能来说，插画可分为广告商业招贴插画、出版物插画、漫画插画和影视插画4类。

1.2.1 广告商业招贴插画

广告商业招贴插画也叫作宣传画、海报，如图1.6所示。在广告还主要依赖印刷媒体传递信息的时代，它处于主宰地位，但随着影视媒体的出现，其应用范围有所缩小。

奥利奥广告插画　　　　　　　　　　　日本料理广告插画

图1.6

1.2.2　出版物插画

出版物插画主要包括封面、封底的设计和正文中的插画，如图1.7所示。它广泛应用于各类图书中，如文学图书、少儿图书、科技图书等。

图1.7

1.2.3　漫画插画

漫画插画题材非常广泛，并且因为受众面广，不同题材的漫画插画都有一定的读者群。目前市面上常见的漫画插画题材类型大致有科幻、玄幻、魔幻、冒险、竞技、推理、动作、搞笑、历史等。漫画插画如图1.8所示。

图1.8

1.2.4　影视插画

影视插画主要用于影视拍摄的前期艺术定位与概念呈现，也可以以影视宣传海报的方式表现，如图1.9所示。

图1.9

1.3　插画的绘制工具

插画的分类较细，并且手绘插画时所需的工具较多，除了必需的画纸、铅笔和橡皮外，还有云形尺、拷贝台、墨水、修改液、蘸水笔等。如果用计算机绘画，也需要准备各种绘制工具，如绘图软件、绘图板、扫描仪及打印机等。我们可以根据不同的作画方式来选择不同的工具。

1.3.1 画纸

画纸可根据绘画要求选用。作画时，我们首先要进行整体构思并绘制草稿，构思就是将灵感用铅笔在画纸上简略表现出来。画纸上应划分出裁切线、外框和内框，如图1.10所示。

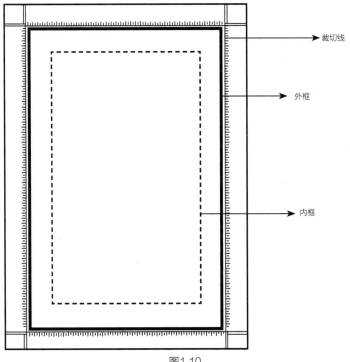

裁切线

外框

内框

图1.10

1.3.2 铅笔与橡皮

铅笔与橡皮是绘制草稿时必需的工具。铅笔如图1.11所示。

图1.11

绘制草稿对铅笔没有特殊要求，普通铅笔和自动铅笔都可以。不过一定不要选笔芯太硬或者太软的铅笔，太硬的笔芯容易划伤纸面，笔芯太软的铅笔画出的线条很难擦掉。

橡皮一定要选择质量较好、比较柔软的，这样的橡皮即使轻轻擦拭，也能擦得很干净，不会损坏纸面。使用完橡皮之后，要在干净的纸上把橡皮脏的部分磨掉，不然在下一次使用的时候会弄脏画面。橡皮如图1.12所示。

图1.12

草稿的精细程度可以根据我们的习惯而定，要保留和擦掉哪些线条，我们必须心里有数。如果不是非常熟练，草稿还是应该尽量精细一些，如图1.13所示。

粗糙的草稿   精细的草稿

图1.13

1.3.3 其他手绘工具

云形尺用来绘制曲线，如图1.14所示。
拷贝台也称透写台，是职业插画师的必备工具，如图1.15所示。

图1.14   图1.15

墨水有耐水性和水溶性两种，耐水性墨水用于描线，水溶性墨水用于大面积平涂。耐水性墨水如图1.16所示。
修改液用于修改线稿，有时也会用于绘制高光，如图1.17所示。
蘸水笔用于绘制标准线稿，有多种型号，可以绘制出不同的线条效果，如图1.18所示。
网点纸是上色工具，有多种类型，用途广泛，如图1.19所示。
割网刀主要用于切割网点纸，美工刀既可以切割网点纸，又可以刮网，如图1.20所示。
压网刀用于挤压网点纸，使之粘贴得牢固、平整，如图1.21所示。

图1.16　　　　　　　　图1.17　　　　　　　　　　　图1.18

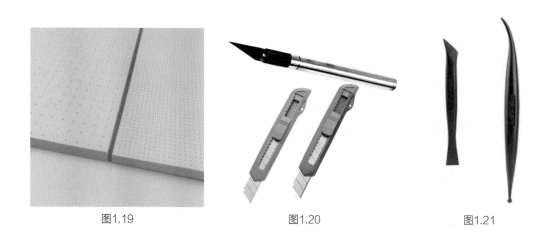

图1.19　　　　　　　　　图1.20　　　　　　　　图1.21

1.3.4　计算机绘图工具

与手绘相比，用计算机绘制插画更为方便快捷，越来越多的插画师已经开始使用计算机作画。不过目前大多数插画师还是先手绘线稿，再用扫描仪将其录入计算机上色。

扫描仪主要用于把在画纸上画好的线稿录入计算机，如图1.22所示。

绘图板又叫数位板、手绘板，是一种专业输入设备，用起来跟手绘的感觉差不多，如图1.23所示。

图1.22　　　　　　　　　　　　　　　图1.23

绘图软件是计算机绘图的必备工具，如图1.24所示。绘图软件种类繁多，常见的有Easy Paint Tool SAI（本书简称SAI）、Photoshop、Painter和ComicStudio。SAI的优势是线稿绘制功能强大，Photoshop虽然能够进行线稿绘制和上色，但它的优势主要体现在特效制作和后期合成方面，在上色方面，SAI、Painter和ComicStudio更有优势。学习软件不在于多，而在于精，本书主要介绍SAI和Photoshop两款软件在插画绘制中的应用。

SAI

Photoshop

Painter

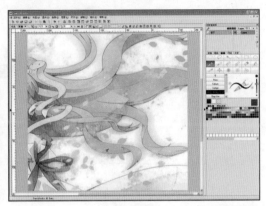

ComicStudio

图1.24

课后习题

总结本章内容，搜集不同风格的插画，分清插画的类别。

练习要求

① 分类越细越好，最好能够说出插画的绘制特色。

② 根据插画的创作时间给搜集的插画分类，并能够讲出插画的时代特点。

第**2**章

传统插画设计

传统插画设计是通过手绘的形式，用水彩、彩铅、马克笔、丙烯等不同工具在不同介质上作画。通常我们画插画最常用的是水彩、彩铅和马克笔，它们有作画速度快、出稿简洁明快的特点。

2.1 水彩插画设计

水彩画是人类劳动的产物，是从原始社会就已经出现的记录人类文化与文明的最早的艺术形式之一。在还没有创造出语言和文字时，原始人就用水彩画的形式来表现自己的生活、劳动和情感。在早期阶段，水彩画的表现手法非常简单，只需用水调配可溶性颜料就可以作画。旧石器时代的阿尔塔米拉洞窟壁画、古埃及时期用芦笔画的壁画，以及我国西南地区的崖画都可以说是早期的水彩画。插画经常用水彩介质创作，即水彩插画，其特点是通透、随机性强、艺术表现力较强。

2.1.1 水彩颜料

水彩颜料分为透明水彩颜料和不透明水彩颜料两种，如图2.1所示。透明水彩颜料重叠后还能看到下面的颜色，不透明水彩颜料重叠后则有遮盖效果。因此，使用透明水彩颜料能画出轻透的感觉（本书用的即是透明水彩颜料）。

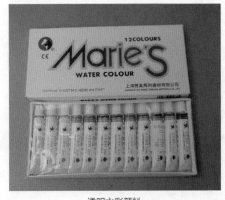

透明水彩颜料

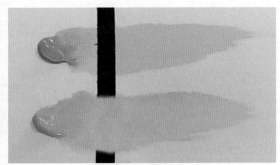

不透明水彩颜料

图2.1

还有一种便于外出写生时携带的水彩颜料，就是干水彩颜料块，如图2.2所示。干水彩颜料块是浓缩的颜料硬块，因而调色时间会比较长。

干水彩颜料块

图2.2

不管选用哪种水彩颜料，都一定要去美术用具专卖店购买，因为颜料质量不好会影响绘画效果。

2.1.2 水彩纸与写生簿

水彩纸是一种专门用来画水彩画的纸，吸水性比一般的纸强，纸张较厚，纸面也比较粗糙，不易因重复涂抹而破裂。水彩纸的纹理分为粗纹理、中粗纹理和细纹理，如图2.3所示。初学者可以选用粗纹理水彩纸，以便更好地控水；中粗纹理水彩纸最受欢迎，适用于将颜料填入纸面凹缝中、以海绵等轻轻擦拭进行渲染等绘画技法；细纹理水彩纸的吸水性极佳，适用于平面画法、植物图谱的绘制等。

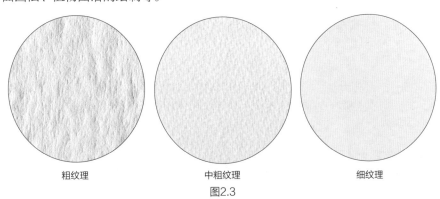

粗纹理　　　　　　　　　　中粗纹理　　　　　　　　　　细纹理

图2.3

如果要前往风景优美的地方写生，那么带着写生簿会比较方便。用眼睛捕捉周围的景色，用铅笔画出景色的草稿，不带相机也可以留住美丽的风景。写生簿在美术用具专卖店都可以买到，大小可以根据自己的喜好进行选择，如图2.4所示。

初学者不需要选择过大的写生簿，先从简单的小东西画起会比较实际，也更容易上手。

图2.4

2.1.3 水彩笔

水彩笔分为圆头、平头等，如图2.5所示。水彩笔不需要准备太多，因为实际不会用到这么多。水彩笔应该选择吸水性良好、笔毛柔软且规整者，用羊毛、松鼠毛、貂毫等材料制成的水彩笔比较高档。

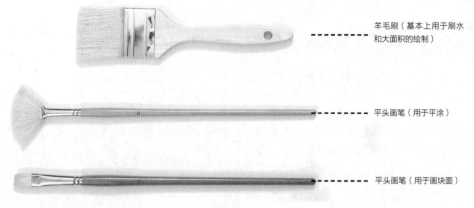

羊毛刷（基本上用于刷水和大面积的绘制）

平头画笔（用于平涂）

平头画笔（用于画块面）

图2.5

水彩笔按号来区分大小，不同大小的水彩笔有不同的用处，如图2.6所示。本书画的图都不是太大，所以用的水彩笔比较小。此外，画细节的貂豪笔或勾线笔也是必不可少的。

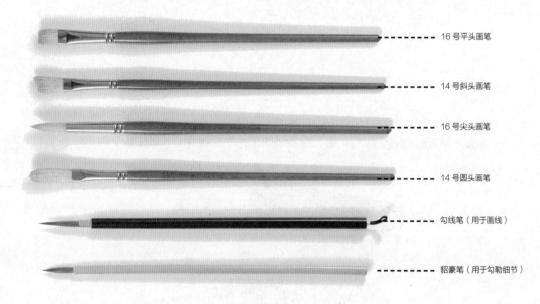

16 号平头画笔

14 号斜头画笔

16 号尖头画笔

14 号圆头画笔

勾线笔（用于画线）

貂豪笔（用于勾勒细节）

图2.6

2.2 水彩插画实例：安静的街道

街道不是很宽，但是很整洁，被各种各样的植物装点得非常有生气，如图2.7所示。街道右边的房子是我们绘制的重点，注意描绘出门窗、墙壁、自行车和植物的细节。另外，画面的透视关系很重要，在绘制线稿的时候一定要刻画清楚。

图2.7

2.2.1 线稿绘制

下面先进行线稿的绘制。

画面中重点的塑造对象是右边房子的墙壁、门窗和前面的景物，注意细节要勾画到位，如图2.8所示。

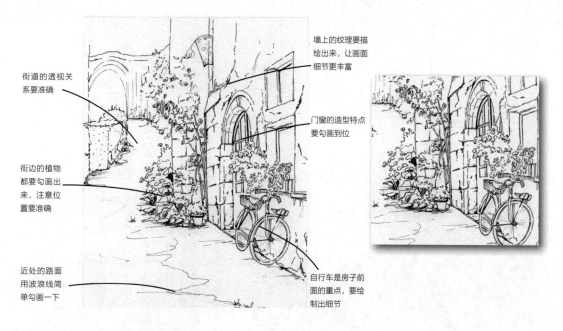

街道的透视关
系要准确

街边的植物
都要勾画出
来，注意位
置要准确

近处的路面
用波浪线简
单勾画一下

墙上的纹理要描
绘出来，让画面
细节更丰富

门窗的造型特点
要勾画到位

自行车是房子前
面的重点，要绘
制出细节

图2.8

（1）勾画出自行车和门窗的外形，以及墙壁上的纹理等，如图2.9所示。

（2）描绘出远处墙角和街边植物的外形等，如图2.10所示。

（3）街道左边的景物比较少，比较容易刻画，只需简单勾画出外形即可，如图2.11所示。

图2.9　　　　　　　　　图2.10　　　　　　　　图2.11

2.2.2　上色

下面给线稿上色。

（1）稀释橘色和群青色颜料，给近处的墙面及远处的路面上色，注意颜色的深浅要有区别，如图2.12所示。

（2）稀释棕红色颜料，给门窗和窗台上的花朵上色，注意门和窗框处要仔细勾画，用黑色表现出窗子边缘的暗面。稀释叶绿色和桃红色颜料，塑造出自行车上面的植物，如图2.13所示。

| 图2.12 | 图2.13 |

给墙面上色时要控制好颜色的深浅，该留白的地方要留白，从而让画面层次更丰富，如图2.14所示。

调整好水彩笔的笔尖，仔细为门框、窗框上色，不能涂抹出线框，如图2.15所示。

| 图2.14 | 图2.15 |

门的造型比较有特点，所以必须仔细上色，以凸显门的造型和颜色变化，如图2.16所示。

图2.16

（3）先稀释苹果绿色颜料涂抹其他植物的亮面，然后稀释叶绿色颜料给植物叠加颜色，最后稀释深绿色颜料刻画出植物的暗面，如图2.17所示。

图2.17

　　（4）使用群青色颜料给路面上色，完善路面色彩细节。注意远处的路面颜色要深一些，近处的路面颜色深浅变化要多一些。给门前台阶和自行车筐铺色，如图2.18所示。

图2.18

　　刻画到一定程度后，可以先停下笔进行局部调整，让画面更完整，如图2.19所示。
　　（5）绘制自行车下的木板，稀释群青色颜料给靠在墙上的自行车上色，注意不要涂抹到墙面上，以区分墙面和自行车车身的颜色，使自行车具有立体感。用其他颜色刻画自行车的细节。用褐色给门前的石头台阶上色，如图2.20所示。

图2.19

图2.20

（6）给左边的植物铺底色，注意要表现出颜色的变化，这样才能使画面层次更丰富，如图2.21所示。

图2.21

（7）用苹果绿色颜料给左边的植物叠加颜色，注意要控制好水彩笔的湿度，接着稀释叶绿色颜料加重植物暗面的颜色，如图2.22所示。

图2.22

（8）稀释群青色和橘色颜料表现出远处的墙面，接着用稀释的群青色颜料补充地面和墙面的细节，完成后的作品如图2.23所示。

通过以上步骤我们可以看到，线稿要用防水的勾线笔绘制，上色要按从亮面（受光面）到暗面（背光面）的顺序进行。因为透明的水彩颜料不像油画颜料画错了可以覆盖，因此这种水彩画也被称为"一次性的绘画"。

图2.23

2.3 彩铅插画设计

彩铅插画的特点是色彩丰富且细腻，可以表现出较为轻盈、通透的质感。这是使用其他工具、材料所不能达到的效果。市面上有很多品牌和种类的彩铅，要想找到适合自己的还需多做尝试。接下来，我们一起了解一下彩铅的种类和特点。

2.3.1　水性彩铅

水性彩铅又称水溶性彩铅，由能溶解于水的彩色笔芯与木质外壳组成，如图2.24所示。

图2.24

水性彩铅有两种用法。笔头未蘸水时，画出的色彩、线条、质感与油性彩铅是相同的。笔头蘸水后，画出的色彩会晕染开来，可实现水彩般透明的效果。可见，水性彩铅是非常灵活有趣的一种绘画工具。

2.3.2　油性彩铅

油性彩铅不溶于水、不易褪色，比较常用，如图2.25所示。油性彩铅绘制出的色彩没有很细腻的融合，但是其特殊的油性色彩叠加效果却是其他绘图工具无法达到的。油性彩铅因为容易上手，易于修改，比较适用于初学者。

图2.25

2.3.3　油卷纸彩铅

油卷纸彩铅的笔芯较软，颗粒较细，如图2.26所示。油卷纸彩铅画出的颜色比较厚重，而且较艳丽，但是不易涂改，适合绘制一些需要表现特殊效果的作品。

图2.26

2.4 彩铅插画实例：可爱的猫咪

这只猫咪的脑袋特别大，它闭目养神的样子非常可爱。下面我们就用彩铅来刻画这只猫咪，如图2.27所示。

图2.27

2.4.1 线稿打形

（1）用淡淡的长线勾勒出猫咪、铃铛和树桩的轮廓，注意要刻画准确猫咪的动态，如

图2.28所示。

（2）慢慢画出猫咪的五官和身体，画出铃铛和树桩，注意要用有弧度的线条，如图2.29所示。

图2.28

图2.29

（3）用软橡皮擦掉多余的辅助线，慢慢刻画出猫咪准确的外形，刻画铃铛和树桩，如图2.30所示。

（4）用软橡皮调整线稿的虚实关系以细化画面，注意不要擦掉有用的线条，如图2.31所示。

图2.30

图2.31

2.4.2 上色

（1）五官是塑造猫咪形象的重点，要仔细刻画，耳朵和鼻子用粉色彩铅上色，眼睛、嘴和脸颊用棕色彩铅上色，并给铃铛用灰色上色，如图2.32所示。

图2.32

（2）猫咪嘴边的毛发用金色和蓝色彩铅刻画，脖子上的项圈用红色彩铅刻画，如图2.33所示。

图2.33

（3）猫咪肚子上的毛发颜色比较深，注意要用深灰色彩铅把线条排得密集一些，如图2.34所示。

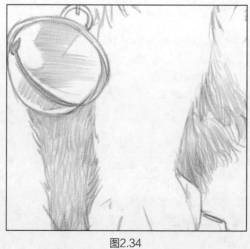

图2.34

（4）继续刻画猫咪肚子上的毛发，注意一定要顺着猫咪的形体刻画，如图2.35所示。

图2.35

（5）用淡黄色彩铅刻画猫咪下颌附近的毛发，注意毛发的层次关系要刻画到位。同时刻画猫咪身上的铃铛，一定要注意凸显铃铛的金属质感。如图2.36所示。

图2.36

（6）整体细化猫咪身上的毛发，注意线条要柔和。用熟褐色彩铅刻画树桩，注意仔细刻画树桩上的纹理，如图2.37所示。

图2.37

对爪子的刻画主要需抓住3个面（暗面、灰面和亮面），如图2.38所示。

图2.38

（7）用熟褐色彩铅继续刻画猫咪身上的毛发，注意线条要有弧度。用赭石色彩铅加深树桩的颜色并用绿色刻画树桩上的环境色，注意线条要排列整齐，如图2.39所示。

图2.39

（8）用赭石色彩铅刻画猫咪长长的胡须，让画面看起来更加精致，如图2.40所示。

图2.40

（9）整体调整，对毛发进行统一的色调处理，完成后的作品如图2.41所示。通过绘制彩铅插画可以看出，彩铅插画有些像素描，能叠加色调。彩铅的颜色本身带有叠加属性，色调可以根据用笔的力度进行加深和减弱，如果画错了可以用橡皮擦掉。所以，彩铅插画比较容易上手。

图2.41

2.5 马克笔插画设计

马克笔是各类专业手绘表现中最常用的工具之一。马克笔颜色鲜亮而透气，溶剂多为酒精和二甲苯，颜料附着于纸面，颜色可以多次叠加。马克笔是一种快速、简洁的渲染工具，使用方便且不易褪色，效果可以预知。用马克笔进行设计构思与效果图快速表现时，需要运用大胆、强烈的表现手法。

2.5.1 马克笔的选用

市面上有很多品牌的马克笔，如图2.42所示。大家在购买时，要观察、感受它的笔头。

一般优质的马克笔笔头都制作精细，且比较硬，用手去捻不会有太多颜料渗出，出水均匀，没有刺鼻的气味，颜色与标注的号码相符。大家要按自己对色彩的理解，选择适合自己的品牌及型号。

图2.42

　　马克笔上色的要诀是轻、准、快。用马克笔画线条需要注意的是不要"回笔"，就是不要来回涂抹，起笔和收笔都在瞬间完成，没有多余的动作。

　　轻：笔与纸接触的时候力度要像抚摸小孩的皮肤一样，同时握笔的动作要轻，如图2.43所示。

图2.43

　　准：从起笔到收笔不能犹豫和停顿，起笔时马克笔的笔头必须与物体的结构线对齐，如图2.44所示。

图2.44

　　快：运笔时一定要快，这样画出来的画面才会透气而不会太闷，如图2.45所示。

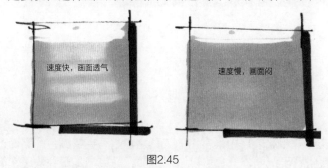

图2.45

2.6　马克笔插画实例：波点时装

　　我们常说的波点有一个专门的名称——波尔卡圆点，一般由同一大小、同一颜色的圆点以一定的距离聚集且均匀地排列而成。波尔卡这个名字来源于一种叫波尔卡的东欧音乐，很多波尔卡音乐唱片的封套都以波尔卡圆点的图案作装饰。下面我们用马克笔来绘制一幅波点时装插画。

（1）起稿和铺底色。用2B铅笔打形，注意线条的明暗变化。选用浅绿色对波点进行第一遍上色，如图2.46所示。

图2.46

（2）绘制夹克。选用浅绿色给夹克的亮面上色，选用深绿色给夹克的暗面上色，注意上色要顺着夹克的纹路并适当留白，如图2.47所示。马克笔的颜色可以叠加，每多上一遍颜色，夹克的颜色就会变得深一些，如图2.48所示。

图2.47　　　　　　　　　　　　　　　图2.48

（3）绘制头部和手臂。先用浅灰色轻涂服装阴影，然后选用肤色和浅红色绘制面部的受光面和阴影，用灰色和深灰色绘制头发，如图2.49所示。选用肤色和浅红色绘制手臂，如图2.50所示。

| 图2.49 | 图2.50 |

（4）绘制裤子和鞋子。选用浅绿色和深绿色绘制裤子的明暗，选用棕色绘制鞋子，如图2.51所示。进一步刻画裤子和鞋子的中间色调，可以多涂几笔进行叠加，如图2.52所示。

| 图2.51 | 图2.52 |

（5）绘制服装阴影。选用浅灰色在服装阴影处轻涂，如图2.53所示。需要中间色调则多叠加几层即可，完成后的作品如图2.54所示。从马克笔插画的绘制过程中我们可以观察到，马克笔的颜色具有透明特性，马克笔一旦在画面上停顿，油性颜色就会洇开。所以使用马克笔时运笔一定要流畅，不要犹豫和停顿。笔触明快是马克笔插画最大的特色。

图2.53

图2.54

课后习题

1. 彩铅叠色练习

运用同色系的彩铅进行叠色练习。

练习要求

❶ 先画出一种颜色的小花，然后在小花上叠加另一种颜色，这样会产生一种新的颜色。
❷ 练习叠色时要注意使用相近的颜色。

2. 马克笔叠色练习

运用同色系的马克笔进行叠色练习。

🖱 练习要求

① 颜色不要画得太满，要适当留白。
② 运笔速度要快，要能让人看清笔触，画出的颜色过渡要自然。
③ 注意颜色的冷暖变化。

SAI+Photoshop插画设计（全彩微课版）

第 3 章

3

SAI数字插画
设计基础

3.1 SAI概述

SAI是专门用来绘图的,许多功能较Photoshop更人性化,可以任意旋转、翻转画布,缩放时有反锯齿功能,配合手绘板可绘制流畅的线稿。SAI的上色功能也很强大,适合用于绘制插画。SAI的界面如图3.1所示。

图3.1

3.1.1 SAI的特点

利用SAI的强大功能,用户可以在灵感来袭时方便地进行创作。SAI的特点主要包括以下几点。

1. 纹理填充功能

SAI的纹理填充功能非常强大,可使用内置纹理或导入多种纹理进行填色,如图3.2所示。

2. 色彩快填功能

SAI的色彩快填功能快速、直观、高效,只需轻点颜色按钮或调色板中的任一色卡,用"油漆桶"即可填充任何区域。

3. 线条防抖动功能

SAI可以绘制出完美的图形,这得益于它的线条防抖动功能,绘画时只要选择手动修正级别,即可绘制没有线条抖动感的流畅线条。

4. 绘图指引功能

SAI的绘画指引功能可以按照设置好的透视指引、对称参考、2D等指引网格,帮助用户快速画出透视正确和对称的图形,如图3.3所示。

图3.2

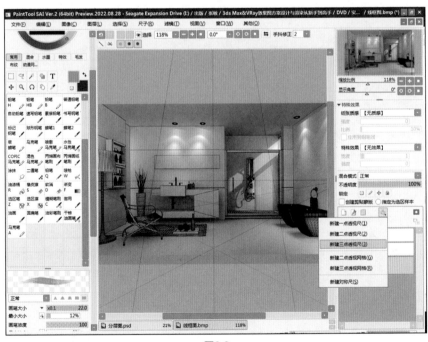

图3.3

5. 画笔调节功能

SAI可以设置画笔的多种属性,模拟水彩笔、马克笔、毛笔、炭笔等多种效果,如图3.4所示。

6. 强大的画笔库

SAI在其强大画笔库的支持下,可以模拟出国画、水彩、油画或素描的效果,加上可控性极强的图层功能,用户可以像使用Photoshop那样灵活处理画面特效,以获得良好的画面效果,如图3.5所示。

图3.4

图3.5

7."形状+颗粒"系统

数字画笔从问世以来多年来未曾改变,直到SAI为行业带来便捷而强大的"形状+颗粒"系统。SAI将颗粒的纹理放入画笔形状中,有效模拟水彩融合等真实效果,让人在数字绘画中获得了新体验。

8.手绘选取工具

SAI的手绘选取工具非常强大,它吸取了Photoshop的多边形选取工具和套索选取工具的精华,可自动识别要选择的区域,如图3.6所示。

9.全新的版本

SAI目前已经升级到2.0版本,在原版本基础上增加了64bit的存储模式,画笔大小上限增加到了5000,水彩笔更加高速化,提升了抗锯齿的品质,增加了文字输入工具和尺子工具,调整了入笔与出笔的效果,修正了水彩边缘和画纸的浑浊感。

图3.6

10. 图层管理功能

SAI支持多图层编辑，作品可划分图层，以控制单个元素。用户使用图层蒙版和剪裁蒙版可进行无损编辑，可通过将图层合并到组中来保持条理，还可选择多个图层以同时移动或转换对象，并且可用多达17种图层混合模式打造专业合成效果，如图3.7所示。

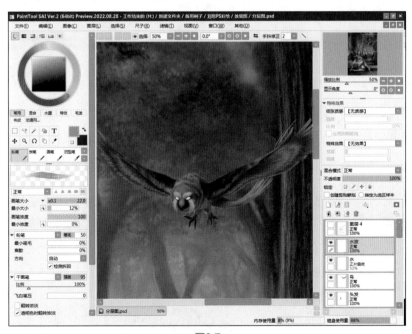

图3.7

3.1.2 SAI的应用领域

SAI可以进行任何风格的插画设计，在工业造型、产品设计、服装设计、建筑规划设计、影视动画设计、插画设计、教育等领域都可以发挥作用。SAI由于可创建高达16000像素×4000像素的画布，支持64位颜色，因此可以满足绝大多数设计领域的需求。

SAI的画笔可以模拟马克笔、铅笔、毛笔、水彩笔、油画笔等各种笔触，甚至可以模拟涂料的薄厚感觉，这让数字绘画有了更多的可能，如图3.8所示。

图3.8

3.2 数位板

SAI的最佳搭档是数位板，如图3.9所示。数位板又名绘图板、绘画板、手绘板等，是计算机输入设备的一种，通常由一块板子和一支压感笔组成。数位板用于绘画创作，就像画家的画板和画笔，许多逼真的画面和栩栩如生的人物，就是通过数位板一笔一笔画出来的。数位板主要面向设计及美术相关专业师生、广告公司、设计工作室以及矢量动画制作者。

图3.9

3.3 SAI界面布局

微课视频

SAI的界面非常简约，如图1.11所示。上方为菜单栏，该区域包含了SAI的所有命令；左上方为调色盘，在该区域可选择多种选择颜色的方式，如直接选色和参数调色等；左边是工具栏，在这里能找到各种修改工具（调节画笔尺寸和不透明度、渐变色等）；界面中间为画布（绘图区域）；右边为缩略图和图层面板，在这里可以对画面做精细调节，如图3.10所示。

图3.10

3.3.1 菜单栏

SAI的菜单栏有10组命令，分别是文件、编辑、图像、图层、选择、尺子、滤镜、视图、窗口和其他，如图3.11所示。

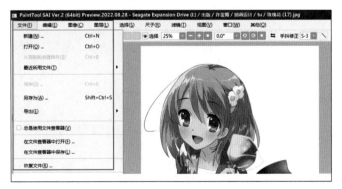

图3.11

3.3.2 调色盘

SAI的调色盘由显示内容、色轮、RGB色值、HSV色值、中间色条、历史色值、色板和便签簿组成，如图3.12所示。在SAI中绘画时有多种选择颜色的方法，如在色轮中选择需要的颜色，从已有的图片中吸取颜色，或者导入一个已有的配色色盘。

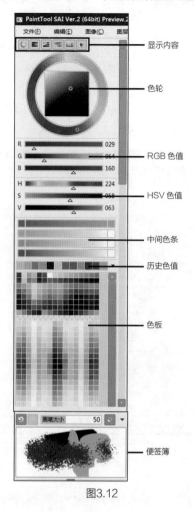

图3.12

1. 显示内容

用于控制SAI界面左上方显示的内容，包括色轮、RGB色值、HSV色值、中间色条、色板和便签簿。

2. 色轮

在色轮外围有一个色相环，用于选择色相。当确定了颜色的色相后，在中间的四方形盘内可以对该色进行进一步调节，横向为饱和度，纵向为明暗度，如图3.13所示。

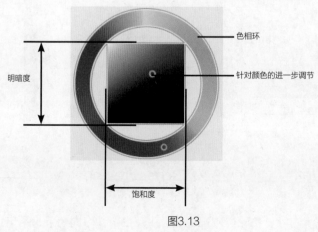

图3.13

3. RGB色值

可通过红(R)、绿(G)、蓝(B)3种色值精准定位颜色。

4. HSV色值

可通过色调(H)、饱和度(S)和明度(V)3种色值精准定位颜色。

5. 中间色条

中间色条用于自定义渐变色，以方便从中选取颜色，有左右两个区域，通过两个区域的颜色产生渐变色。先选择颜色，将鼠标指针移动到左区域或右区域后单击（将选择的颜色放入该区域），就可以产生自定义的渐变色，如图3.14所示。

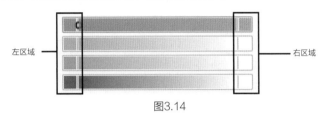

图3.14

6. 历史色值

其中可自动保存过去选择的颜色，方便我们随时调用和对比。

7. 色板

色板可以将颜色用色卡保存下来，我们可以创建色板或导入别人的色板进行使用。

8. 便签簿

这个窗口可以用来对选择的画笔及颜色进行测试，直观展示混色效果，如图3.15所示。

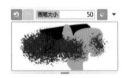

图3.15

3.3.3 工具栏

SAI的工具栏可以管理画笔效果，我们可通过选择各种画笔来模拟不同笔触，设置如毛笔、铅笔、蜡笔等。在这里还可以管理画笔库、导入自定义画笔或分享画笔等。每种画笔都可以设置大小、透明度、混色等参数，如图3.16所示。

图3.16

3.3.4 视图工具

SAI的视图工具分为4部分，用于控制操作、选择、显示和画笔修正等方面，如图3.17所示。

操作工具　　选择工具　　　　　　显示工具　　　　　　画笔修正工具

图3.17

1. 操作工具

还原：还原一步操作，多次单击可多次还原。

重做：重做一步操作，多次单击可多次重做。

2. 选择工具

取消选择：将选择区域取消。

反选：反向选择当前选择区域，图3.18和图3.19所示为原图及其反选效果。

不显示选择虚线：隐藏选择区域的虚线，虚线有时候会影响观察画面效果。

图3.18　　　　　　　　　　图3.19

3. 显示工具

25% 选择显示比例：在下拉列表中可选择系统提供的视图显示比例参数。

缩小显示：每单击该按钮一次就缩小一级比例。

放大显示：每单击该按钮一次就放大一级比例。

还原缩放：重置视图的显示比例。

0.0° 选择旋转角度：在下拉列表中可选择系统提供的视图旋转角度参数。

逆时针旋转：每单击该按钮一次就逆时针旋转一次（每单击4次旋转45度）。

顺时针旋转：每单击该按钮一次就顺时针旋转一次（每单击4次旋转45度）。

还原角度：重置视图的显示角度。

镜像：镜像翻转视图。

4. 画笔修正工具

S-3 修正级别：如果手抖，画出的线条会不平滑，用这个下拉列表中的参数可让系统进行手抖修正，数值越大抖动修正效果越强。图3.20所示为参数为S-0、S-10和S-7级别时的效果对比，其中S-7的最为平滑。

直线模式：激活该按钮，系统则使用直线模式绘图。

42

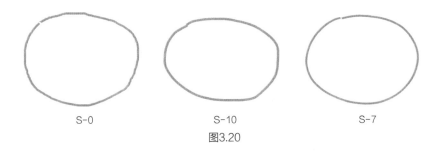

S-0   S-10   S-7

图3.20

3.3.5 图层面板

    SAI的图层面板很重要，我们绘制线稿和上色尽量不要在一个图层中进行，以便于对各个部分进行修改。用过Photoshop的人都知道图层，SAI也一样有图层，每一个图层就好似一块透明的"玻璃"，而图层内容就画在这些"玻璃"上。如果"玻璃"上什么都没有，就是个完全透明的空图层。当各块"玻璃"上都有内容时，将它们自上而下叠加，就能形成图像的显示效果。一个分层的图像是由多个图层叠加而成的，如图3.21所示。

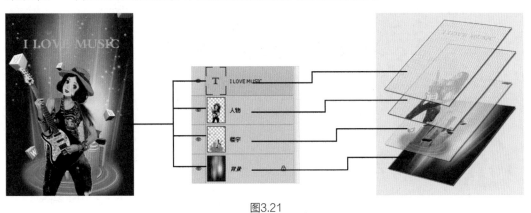

图3.21

    SAI的图层面板用于编辑分层的图像，在其中可以对图层进行移动、复制、编辑等，如图3.22所示。

图3.22

3.3.6 画布

画布是SAI的绘图区域和作品展示区域，可以满屏显示也可以用浮动窗口显示作品，在画布下方的图像堆栈中可以快捷调取图像，如图3.23所示。

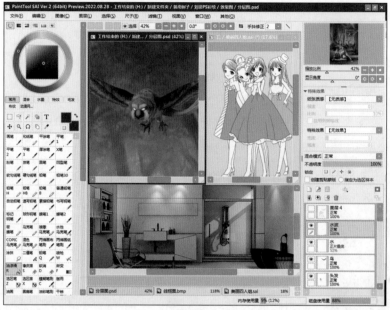

图3.23

3.4 管理作品

在"文件"菜单中，可以对作品进行打开和保存等操作。
SAI可以打开大部分格式的图像，如.psd、.jpg、.png等，如图3.24所示。

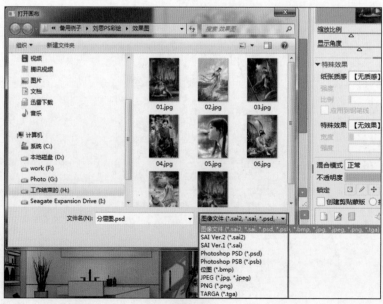

图3.24

.sai格式和.sai2格式是SAI的专用格式，用于保存图像的分层和线稿。在SAI中打开.sai文件的示例如图3.25所示。值得一提的是，Photoshop无法打开.sai2格式的文件，.sai2格式的文件要转换成.psd等格式才能在Photoshop中打开。

图3.25

3.5 SAI画笔设置

SAI界面的左侧是绘图工具区域，包括调色盘和工具栏，工具栏又包括常用工具栏、画笔库和属性栏，如图3.26所示。

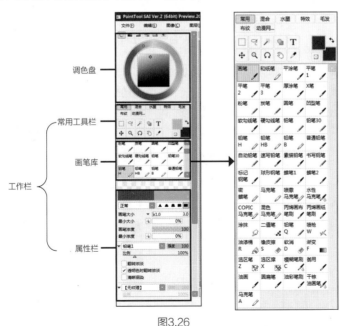

图3.26

在绘图工具区域可以进行画笔的设置。

3.5.1 选择一个新画笔

在画笔库中选择一个新画笔的方法如下。

（1）单击画笔库中的一个画笔，如"铅笔H" ，在调色盘中选择粉色（先在色相环中选择红色，再到中心的方形色盘中选择粉色）。

（2）在下方属性栏中可以设置该画笔的属性，如画笔大小、透明度等，如图3.27所示。

图3.27

3.5.2 设置画笔的属性

当我们选择一个画笔时，属性栏的内容将根据我们选择的画笔的种类发生改变，设置画笔属性的方法如下。

（1）以上一节我们选择的"铅笔H" 为例，在属性栏中设置笔头的形状为▲。

（2）设置"画笔大小"（也就是画笔的粗细）为20，设置"最小大小"为30%（在数位板的压感最小时画笔仍然会产生30%的上色效果）。

（3）设置画笔形状为"铅笔1"，这是一种常见的铅笔颗粒形状，可以绘制出真实的铅笔效果，如图3.28所示。

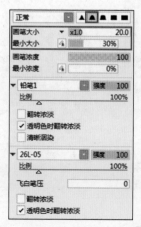

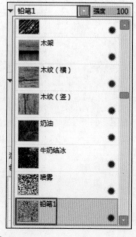

图3.28

（4）设置"手抖修正"为S-1，试着在画面中绘制线条。因为设置了手抖修正，此时将绘制出比较流畅的铅笔线条，如图3.29所示。

图3.29

3.6 SAI上色工具

SAI还有一些高效的上色工具，如"油漆桶"等。上色工具通常会配合选择工具使用，步骤是先进行区域选择，然后上色。

（1）打开本书素材"美丽四人组.sai"文件，这是一个漫画线稿，绘制各个区域时一定要将其封闭。在工具栏选择"魔棒工具" ，设置"选区取样"模式为 ⊙ 色差范围内的区域，如图3.30所示。

图3.30

（2）在人物裙摆处单击，选择裙摆区域（由于裙摆区域专门绘制成了封闭区域，所以可直接被选中）。在图层面板单击新建按钮 ，新建一个空白图层，将该图层移动到线稿图层下

方，如图3.31所示。

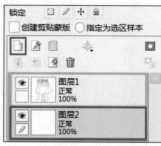

图3.31

（3）在调色盘中选择粉色，单击画笔库中的"油漆桶" ，此时选区已经变成了用虚线显示，如图3.32所示。

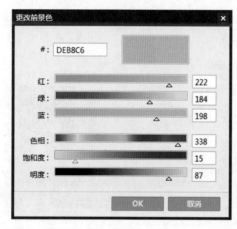

图3.32

（4）用"油漆桶"给裙摆上色，在图层面板设置"纸张质感"为Stripes3并设置其强度和比例，如图3.33所示。

图3.33

（5）给另一个女孩的裙摆上色。在图层面板单击新建按钮，新建一个空白图层，将该图层移动到线稿图层下方。在工具栏选择"魔棒工具" ，选择线稿图层，选择裙摆区域，此时我们会发现人物的胳膊同样被选中，这是因为"色差范围"参数大大，如图3.34所示。

图3.34

（6）单击"取消选择"按钮，降低"色差范围"的参数后重新选择裙摆区域。在调色盘中选择蓝色，在图层面板设置"纸张质感"为Canvas1。选择刚才新建的图层，用"油漆桶"给选区上色，如图3.35所示。

图3.35

我们刚才分别给各个区域上色并设置了不同的纸张质感，当回到任意一个图层时，仍然可以对纸张质感进行设置。这种方式很容易修改局部，从而大大提高了绘画效率。

3.7 SAI的图层操作

图层面板分为3个区域，分别为属性栏、工具栏和图层区域，如图3.36所示。

1. 属性栏

● 混合模式

设置图层的混合模式可以将两个图层的色彩值以不同方式结合在一起，从而创造出丰富的效果。混合模式在SAI中应用非常

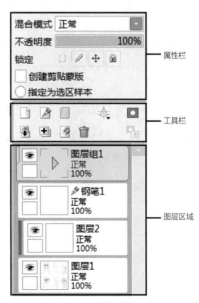

图3.36

广泛，正确、灵活地使用各种混合模式，可以为图像效果锦上添花。

选中一个图层后，在下拉列表中打开图层混合模式选项，可以看到各种图层混合模式。

正常：编辑或绘制每个像素，使其成为结果色，这是默认的模式，如图3.37所示。

变暗：查看每个通道中的颜色信息，并选择基色或混合色中较暗的颜色作为结果色，比混合色亮的像素将被替换，而比混合色暗的像素保持不变，如图3.38所示。

图3.37　　　　　　　　　　　　　　　　图3.38

正片叠底：查看每个通道中的颜色信息，并将基色与混合色进行正片叠底，结果色总是较暗的颜色。任何颜色与黑色进行正片叠底产生黑色，任何颜色与白色进行正片叠底保持不变，如图3.39所示。

颜色加深：查看每个通道中的颜色信息，并通过提高对比度使基色变暗以反映混合色，与白色混合后不发生变化，如图3.40所示。

线性加深：查看每个通道中的颜色信息，并通过降低亮度使基色变暗以反映混合色，与白色混合后不发生变化，如图3.41所示。

图3.39　　　　　　　　　　图3.40　　　　　　　　　　图3.41

深色：比较混合色和基色的所有通道值的总和并显示值较小的颜色。该混合模式不会生成第三种颜色（可以通过“变暗”模式获得），因为它将从基色和混合色中选取最小的通道值来创建出结果色，如图3.42所示。

变亮：查看每个通道中的颜色信息，并选择基色或混合色中较亮的颜色作为结果色，比混合色暗的像素将被替换，而比混合色亮的像素保持不变，如图3.43所示。

滤色：查看每个通道中的颜色信息，并将混合色的互补色与基色进行正片叠底，结果色总是较亮的颜色。用黑色过滤时颜色保持不变，用白色过滤时将产生白色。此效果类似于多个摄影幻灯片在彼此之上的投影，如图3.44所示。

图3.42 　　　　　　　　　　图3.43 　　　　　　　　　　图3.44

　　当图层使用了滤色（以前叫屏幕）混合模式后，图层中纯黑的部分会变成完全透明，纯白的部分会变成完全不透明，其他颜色则根据颜色级别产生半透明的效果。

　　颜色减淡：查看每个通道中的颜色信息，并通过降低对比度使基色变亮以反映混合色，与黑色混合后不发生变化，如图3.45所示。

　　线性减淡（添加）：与"线性加深"模式的效果相反，通过提高亮度来减淡颜色，其亮化效果比"滤色"和"颜色减淡"模式都强烈，如图3.46所示。

　　浅色：比较混合色和基色的所有通道值的总和并显示值较大的颜色。该混合模式不会生成第三种颜色（可以通过"变亮"模式获得），因为它将从基色和混合色中选取最大的通道值来创建出结果色，如图3.47所示。

图3.45 　　　　　　　　　　图3.46 　　　　　　　　　　图3.47

　　覆盖：对颜色进行正片叠底或过滤，具体取决于基色；图案或颜色在现有像素上叠加，同时保留基色的明暗对比；不替换基色，但基色与混合色相混以反映原色的亮度或暗度，如图3.48所示。

　　柔光：使颜色变暗或变亮，具体取决于混合色，此效果与发散的灯照在图像上的效果相似；如果混合色（光源）比50%灰色亮，则图像变亮，就像被减淡了一样；如果混合色（光源）比50%灰色暗，则图像变暗，就像被加深了一样；使用纯黑或纯白色绘画会产生明显变暗或变亮的区域，但不会出现纯黑或纯白色，如图3.49所示。

　　强光：对颜色进行正片叠底或过滤，具体取决于混合色，此效果与耀眼的聚光灯照在图像上的效果相似；如果混合色（光源）比50%灰色亮，则图像变亮，就像过滤后的效果，这对于为图像添加高光非常有用；如果混合色（光源）比50%灰色暗，则图像变暗，就像正片叠底后的效果，这对于为图像添加阴影非常有用；使用纯黑或纯白色绘画会出现纯黑或纯白色，如图3.50所示。

图3.48   图3.49   图3.50

亮光：通过提高或降低对比度来加深或减淡颜色，具体取决于混合色；如果混合色（光源）比50%灰色亮，则通过降低对比度使图像变亮；如果混合色比50%灰色暗，则通过提高对比度使图像变暗，如图3.51所示。

线性光：通过降低或提高亮度来加深或减淡颜色，具体取决于混合色；如果混合色比50%灰色亮，则通过提高亮度使图像变亮；如果混合色比50%灰色暗，则通过降低亮度使图像变暗，如图3.52所示。

点光：根据混合色替换颜色；如果混合色（光源）比50%灰色亮，则替换比混合色暗的像素，而不改变比混合色亮的像素；如果混合色比50%灰色暗，则替换比混合色亮的像素，而不改变比混合色暗的像素；这对于为图像添加特殊效果非常有用，如图3.53所示。

图3.51   图3.52   图3.53

实色混合：如果当前图层中的像素比50%灰色亮，会使底层图像变亮；如果当前图层中的像素比50%灰色暗，则会使底层图像变暗。该混合模式通常会使图像产生色调分离效果，如图3.54所示。

差值：查看每个通道中的颜色信息，并从基色中减去混合色，或从混合色中减去基色，具体取决于哪一个颜色的亮度值更大；与白色混合将反转基色值，与黑色混合则不发生变化，如图3.55所示。

排除：用基色的亮度和饱和度以及混合色的色相创建结果色，如图3.56所示。

减去：从目标通道中的相应像素上减去源通道中的像素值，如图3.57所示。

划分：查看每个通道中的颜色信息，从基色中划分混合色，如图3.58所示。

图3.54

图3.55

图3.56

色相：将当前图层的色相应用到底层图像的亮度和饱和度中，可以改变底层图像的色相，但不会影响其亮度和饱和度。该模式对黑色、白色、灰色区域不起作用，如图3.59所示。

图3.57

图3.58

图3.59

饱和度：用基色的亮度和色相以及混合色的饱和度创建结果色。该模式对灰色区域不起作用，如图3.60所示。

颜色：用基色的亮度以及混合色的色相和饱和度创建结果色，这样可以保留图像中的灰阶，并且对给单色图像着色和给彩色图像着色都非常有用，如图3.61所示。

明度：将当前图层的亮度应用于底层图像的颜色中，可以改变底层图像的亮度，但不会对其色相与饱和度产生影响，如图3.62所示。

图3.60

图3.61

图3.62

● 不透明度

以百分比的方式控制图层的不透明度，0为完全透明，100为不透明。

● 锁定

用于锁定图层的内容，锁定方式有4种，分别为锁定透明像素 ▨ 、锁定图像像素 ✎ 、锁定位置 ✚ 和锁定全部 🔒 。锁定后，相应的内容不可编辑，即能对其起到保护作用。

● 创建剪切蒙版

该功能非常有用。为一个图层设置剪切蒙版后，它将直接以其下方的一个图层为选择区域。其使用方法如下。

（1）打开本书素材"选区样本.sai2"文件，"图层3"是一个空白图层，"图层2"是裙摆上色图层。选中"图层3"，勾选 ☑创建剪贴蒙版 复选框，此时"图层3"的左侧以红色标示，说明该图层已经设置剪切蒙版，如图3.63所示。

（2）选择任意一个画笔（如"粉笔"）在"图层3"上绘画，此时绘画操作只能作用于其下方"图层2"的上色区域（裙摆区域），如图3.64所示。这种方法经常用于插画绘制，我们要熟练掌握。

图3.63

图3.64

● 指定为选区样本

指定该图层是否作为"油漆桶"和"魔棒工具" ✎ 的选区样本。我们在绘图的时候经常会用到很多图层，而找图层是非常烦琐的一件事。如果我们预先在一个图层铺了底色或者画了图案，并把该图层设为选区样本，那么之后无论选中的是哪个图层，使用"魔棒工具" ✎ ，把"取样来源"设置为 ⊙指定为选区样本的图层 ，都可轻松获得所需底色或图案的范围，而无须一个图层一个图层地去找。该功能的用法如下。

（1）打开本书素材"选区样本.sai2"文件，"图层3"是一个空白图层，我们要在该图层上选择"图层1"内容的区域，如图3.65所示。

（2）选中"图层1"，选择"指定为选区样本"选项，此时"图层1"后面出现了 ✎ 图标，说明已经设置成功。在工具栏中选择"魔棒工具" ✎ ，设置"取样来源"为 ⊙指定为选区样本的图层 ，如图3.66所示。

图3.65

图3.66

（3）选中"图层3"，用"魔棒工具" 在裙摆区域单击。虽然"图层3"是空白图层，但由于我们设置了"图层1"为选区样本，所以依然以"图层1"为依据进行了区域选择，如图3.67所示。这是一种快捷的选择方法，大家应熟练掌握。

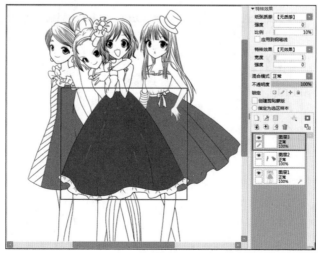

图3.67

2. 工具栏

图层面板中的工具栏用于对图层进行基本操作，包括新建、删除和成组等。

● 新建图层

单击该按钮可创建一个新图层（新图层会有一个默认图层名称），双击该图层可在弹出的图层属性对话框中进行重命名。

● 新建钢笔图层

单击该按钮可创建一个新的钢笔图层，在该图层中可创建钢笔矢量图。

● 新建图层组

单击该按钮可创建一个新图层组，如果之前已经选中了多个图层，单击该按钮可对选中的图层进行成组操作，双击该图层组可以进行重命名。

● 显示透视尺

单击该按钮可在下拉列表中选择要创建的参考透视尺，其中有一点透视、二点透视、三点透视、透视网格和对称尺等多个选项。创建透视尺图层可方便创作者绘图。

● 图层蒙版

单击该按钮可为当前选中的图层创建一个图层蒙版。图层蒙版是一个重要的功能，其用法如下。

（1）打开本书素材"蒙版.sai2"文件，如图3.68所示。这是一个人物发型线稿，我们要使用图层蒙版给人物的头发上色。在工具栏中选择"魔棒工具" ，选择人物的头发区域，如图3.69所示。

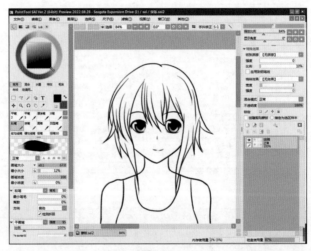

图3.68

图3.69

（2）单击图层工具栏中的新建图层按钮，新建一个空白图层。在调色盘中选择一种喜欢的颜色，按Alt+Delete组合键给选择区域上前景色，按Ctrl+D组合键取消选择，如图3.70所示。

（3）单击图层蒙版按钮，给上色的图层添加蒙版，如图3.71所示。

图3.70

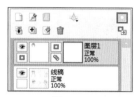

图3.71

（4）选择较深的颜色，使用画笔给头发涂抹高光，如图3.72所示。然后，使用模糊工具对生硬的笔触进行柔化。我们发现所有的操作都在头发范围内进行，在蒙版中涂抹的颜色只有明度的改变，如图3.73所示。

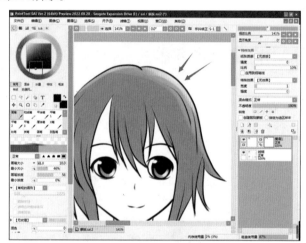

图3.72

图3.73

● 应用图层蒙版

单击该按钮可将创建的图层蒙版栅格化。应用该功能后图层蒙版消失，要等作品完成后再应用。

● 向下合并图层

单击该按钮可将当前图层与下一图层的内容合并，以减少图层数量。

● 合并所有图层

单击该按钮可将当前所选多个图层（可配合Ctrl或Shift键进行多选）合并。

● 清除所选图层

单击该按钮可将当前所选图层中的内容清除。

● 删除图层

单击该按钮可删除当前所选图层。

3. 图层区域

图层区域中有一些图标，这里给大家介绍一下。

● 显示/隐藏图层

该按钮为眼睛图标时，表示该图层可见。有时候为了方便观察后面的图像，可单击该图标将图层隐藏。

● 当前图层 ，关联图层

当一个图层处于当前选中状态时，图层前方会有 图标。这时单击其他图层的同样区域会出现 图标，表示图层关联。我们可同时对关联的多个图层进行操作，如同时移动或旋转关联图层的内容。

3.8 SAI的文字添加

对于图形图像软件而言，添加文字是不可或缺的重要功能。SAI跟大多数图形图像软件一样，可以输入文字并设置文字的样式。对文字进行扭曲变形、模糊等操作时，文字图层将自动转换成图形模式（栅格化），即文字内容将从矢量转为像素，这样就不能对其内容和字体进行更改了。

（1）单击工具栏中的文字按钮，在画面中想要放置文字的位置单击，画面中会出现文字输入框，在其中输入文字即可。

（2）添加文字后，图层面板中会出现一个新的文字图层，在其中可随时对文字内容进行修改。

（3）文字属性面板中有多种属性可设置，如字号、字体、布局等，如图3.74所示。

图3.74

3.9 实例：用SAI临摹一幅作品

下面我们使用SAI临摹一幅作品，将照片衬在图层下方可方便临摹。

（1）在菜单栏中执行"文件|新建"命令，在弹出的"新建画布"对话框中选择预设的A4尺寸，单击"OK"按钮新建一个空白画布，如图3.75所示。

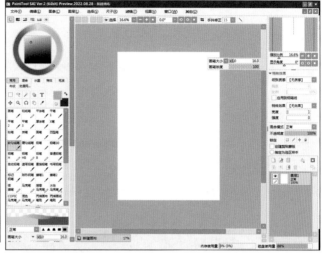

图3.75

（2）在菜单栏中执行"文件|打开"命令，打开一个照片文件，如图3.76所示。按Ctrl+A组合键全选图像，按Ctrl+C组合键复制图像。在图像堆栈中选择新建的画布，按Ctrl+V组合键将复制的图像粘贴到空白画布上（同时产生了一个新的图层），如图3.77所示。

（3）在菜单栏中执行"图层|自由变换"命令，按住Shift键同比例放大图像，如图3.78所示。在图层面板中设置图层的"不透明度"为20%，如图3.79所示。

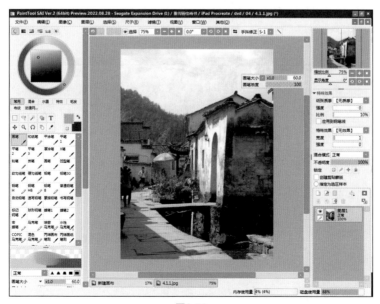

图3.76

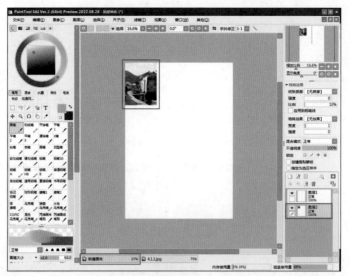

图3.77

图3.78

图3.79

（4）在画笔库中执行"铅笔HB" ，设置画笔的参数，在空白图层中打形，如图3.80所示。

图3.80

（5）打形完成后，准备勾线。在图层面板中单击新建按钮，新建一个空白图层，将其移动到所有图层的最上方。在画笔库中选择"硬勾线笔" ，在空白图层中勾线，如图3.81所示。

图3.81

（6）勾线完成后，选中不用的图层（原始照片图层和铅笔打形图层），单击图层面板中的删除按钮🗑将它们删除。在菜单栏中选择"文件|另存为"命令，将文件保存为sai2格式，如图3.82所示。

图3.82

▶️✏️ 课后习题

使用SAI中的"铅笔"对下面的照片进行线稿临摹。

🖱️ 练习要求

① 用数位板绘制线稿。
② 线稿要描绘出明暗关系和疏密关系。

第 **4** 章

Photoshop数字插画设计基础

Photoshop是一款常用的图像处理软件，在图像编辑方面的功能非常专业和全面。本书介绍的是Photoshop的通用技术，因此在各个版本中都适用。本章将讲解Photoshop的基本概念，以帮助大家熟悉该软件。

4.1 Photoshop的应用领域

Photoshop是一款非常强大的图像处理软件，其应用领域很广泛，多用于平面设计、艺术文字制作、广告摄影、网页制作、照片的后期处理、图像的合成和绘制。Photoshop的专长在于图像的处理，而不是图形的创作，大家在了解Photoshop的基础知识时，有必要区分这两个概念。

1. 平面设计

平面设计是Photoshop应用最多的领域。无论是一本杂志的封面，还是商场里的招贴、海报，都是具有丰富图像的平面印刷品，这些印刷品的制作基本上都需要利用Photoshop对图像进行处理，如图4.1所示。

图4.1

2. 照片处理

Photoshop具有强大的图像修饰功能，用户利用这些功能可以快速修复一张破损的老照片，也可以在原有素材的基础上进行合成，如图4.2所示。

原有素材　　　　　　　　　　　　　　　　　　　合成之后

图4.2

3. 插画绘制

插画是当前比较流行的一种绘画形式。使用Photoshop进行插画绘制，可以在现实中添加虚拟的意象，为画面添加几分生气与艺术感，从而产生令人喜爱的效果，如图4.3所示。

图4.3

4．3D效果制作

Photoshop并非为3D创作而推出的，但得益于Photoshop Extended，用Photoshop处理3D对象越来越流行，不仅制作简单、快捷，而且效果较好，如图4.4所示。

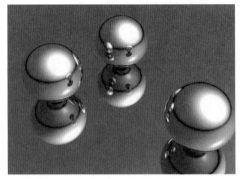
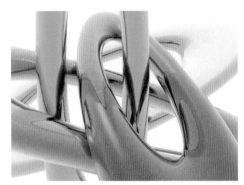

图4.4

5．UI设计

制作UI时，Photoshop是必不可少的图像处理软件。用Photoshop辅助制作的UI示例如图4.5所示。

图4.5

4.2 Photoshop的操作界面

微课视频

Photoshop的操作界面主要由工具箱、菜单栏、面板和图像窗口等组成。大家只要熟练掌握Photoshop操作界面各组成部分的功能，就可以自如地对图像进行处理，如图4.6所示。

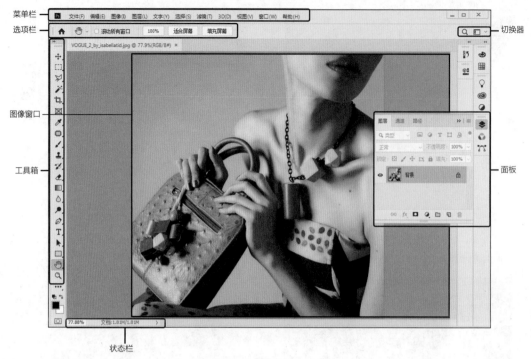

菜单栏
选项栏
切换器
图像窗口
工具箱
面板
状态栏

图4.6

1. 菜单栏

菜单栏由多个分类菜单组成，如果单击有▶符号的菜单，就会弹出下级菜单，如图4.7所示。

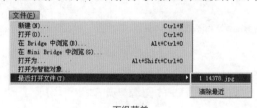

下级菜单

图4.7

2. 选项栏

在选项栏中，可设置在工具箱中选择的工具的参数。根据所选工具的不同，选项栏提供的选项也有所区别，如图4.8所示。

污点修复画笔工具的选项栏

图4.8

3. 切换器

用户通过切换器可以快速切换到所需的工作面板，如基本功能、3D、动感、绘画、摄影等。切换后，界面会按照用户设定的工作需要调整面板（显示出该工作类型常用的相关功能），如图4.9所示。

切换到"绘画"面板

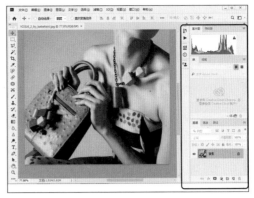
切换到"摄影"面板

图4.9

4. 工具箱

工具箱由各类工具组成，如果工具按钮右下角带有◢符号，就说明其中有隐藏按钮，按住该按钮不放将会弹出隐藏按钮，如图4.10所示。

5. 状态栏

状态栏位于图像窗口下端，用于显示当前编辑的图像文件的各种信息，如图4.11所示。

选框工具组
图4.10

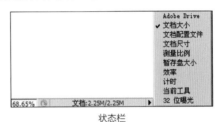
状态栏
图4.11

6. 图像窗口

图像窗口用于显示Photoshop中导入的图像。标题栏中会显示文件名称、文件格式、缩放比率及颜色模式，如图4.12所示。

7. 面板

Photoshop的部分功能以面板的形式显示，以便用户使用，如图4.13所示。

图像窗口
图4.12

"导航器"面板
图4.13

4.2.1 Photoshop的工具箱

Photoshop的工具箱位于操作界面左侧。工具箱中的工具可以用来输入文字，选择、绘制、编辑、移动、注释和查看图像，或对图像进行取样，也可以用来更改前景色或背景色，转到Adobe Online，以及在不同的模式下工作。将鼠标指针放在工具按钮上，便可以查看有关该工具的信息。工具的名称将出现在鼠标指针下面的工具提示中。工具箱如图4.14所示。

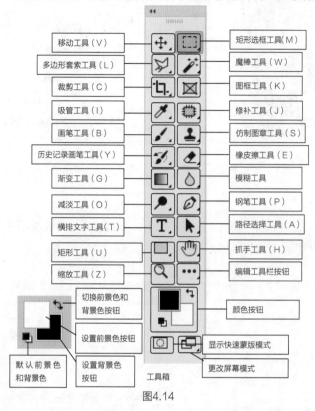

图4.14

单击工具箱中的工具按钮即可选择该工具。如果工具按钮右下角带有◢符号，表示这是一个工具组，在这样的工具按钮上按住鼠标左键可以显示隐藏的工具。单击隐藏的工具按钮即可选择该工具，如图4.15所示。

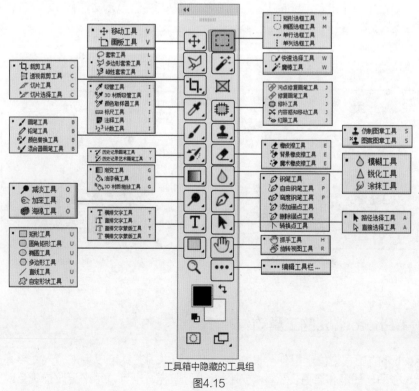

工具箱中隐藏的工具组

图4.15

隐藏工具的作用如表4.1所示。

表4.1　隐藏工具的作用

隐藏工具	作用	隐藏工具	作用
矩形选框工具　M 椭圆选框工具　M 单行选框工具 单列选框工具	用于指定矩形、椭圆形、单行或单列选区	套索工具　　　L 多边形套索工具　L 磁性套索工具　L	用于指定曲线、多边形或不规则形态的选区
裁剪工具　　　C 透视裁剪工具　C 切片工具　　　C 切片选择工具　C	（在制作网页时）用于裁剪或切割图像	污点修复画笔工具　J 修复画笔工具　　J 修补工具　　　J 内容感知移动工具　J 红眼工具　　　J	用于复原图像或消除红眼现象
仿制图章工具　S 图案图章工具　S	用于复制特定图像，并将其粘贴到其他位置	橡皮擦工具　　E 背景橡皮擦工具　E 魔术橡皮擦工具　E	用于擦除图像或用指定的颜色删除图像
模糊工具 锐化工具 涂抹工具	用于模糊处理或锐化处理图像	钢笔工具　　　P 自由钢笔工具　P 弯度钢笔工具　P 添加锚点工具 删除锚点工具 转换点工具	用于绘制、修改矢量路径或对矢量路径进行变形
路径选择工具　A 直接选择工具　A	用于选择或移动路径和形状	移动工具　　　V 画板工具　　　V	用于移动目标和创建画板
抓手工具　　　H 旋转视图工具　R	用于拖曳或旋转图像	快速选择工具　W 魔棒工具　　　W	可以快速地选择颜色相近并且相邻的区域
吸管工具　　　I 3D 材质吸管工具　I 颜色取样器工具　I 标尺工具　　　I 注释工具　　　I 计数工具　　　I	用于去除色样，或者度量图像的角度或长度，以及插入文本	画笔工具　　　B 铅笔工具　　　B 颜色替换工具　B 混合器画笔工具　B	用于表现毛笔或铅笔等的效果
历史记录画笔工具　Y 历史记录艺术画笔工具　Y	用于记录用过的画笔的绘画样式、大小、风格等	渐变工具　　　G 油漆桶工具　　G 3D 材质拖放工具　G	用特定的颜色或者渐变进行填充
减淡工具　　　O 加深工具　　　O 海绵工具　　　O	用于调整图像的亮度等	横排文字工具　T 直排文字工具　T 直排文字蒙版工具　T 横排文字蒙版工具　T	用于横向或纵向输入文字或文字蒙版
矩形工具　　　U 圆角矩形工具　U 椭圆工具　　　U 多边形工具　　U 直线工具　　　U 自定形状工具　U	用于指定矩形或椭圆形等形状的选区	编辑工具栏 …	用于编辑工具栏的布局

4.2.2　Photoshop的面板

面板中汇集了处理图像常用的选项或功能。在编辑图像时，选择工具箱中的工具或者执行菜单栏中的命令后，使用面板可以进一步细致调整各选项，也可以将面板中的功能应用到图像上。Photoshop根据各种功能的分类提供了表4.2所示面板。

表4.2　Photoshop的面板

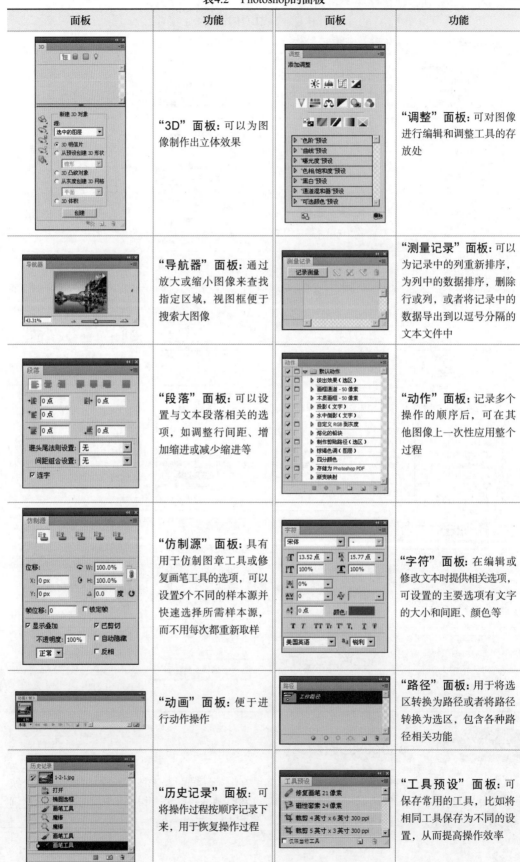

面板	功能	面板	功能
	"3D"面板：可以为图像制作出立体效果		"调整"面板：可对图像进行编辑和调整工具的存放处
	"导航器"面板：通过放大或缩小图像来查找指定区域，视图框便于搜索大图像		"测量记录"面板：可以为记录中的列重新排序，为列中的数据排序，删除行或列，或者将记录中的数据导出到以逗号分隔的文本文件中
	"段落"面板：可以设置与文本段落相关的选项，如调整行间距、增加缩进或减少缩进等		"动作"面板：记录多个操作的顺序后，可在其他图像上一次性应用整个过程
	"仿制源"面板：具有用于仿制图章工具或修复画笔工具的选项，可以设置5个不同的样本源并快速选择所需样本源，而不用每次都重新取样		"字符"面板：在编辑或修改文本时提供相关选项，可设置的主要选项有文字的大小和间距、颜色等
	"动画"面板：便于进行动作操作		"路径"面板：用于将选区转换为路径或者将路径转换为选区，包含各种路径相关功能
	"历史记录"面板：可将操作过程按顺序记录下来，用于恢复操作过程		"工具预设"面板：可保存常用的工具，比如将相同工具保存为不同的设置，从而提高操作效率

面板	功能	面板	功能
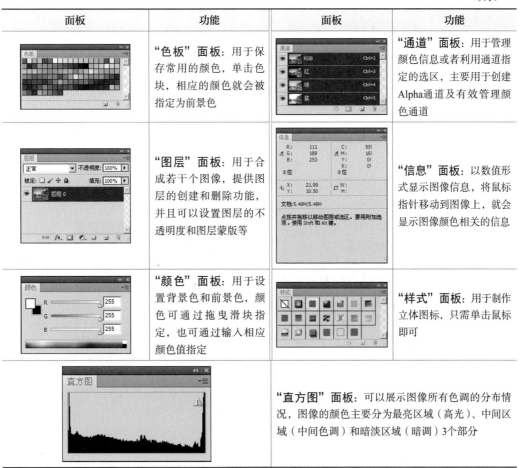	**"色板"面板**：用于保存常用的颜色，单击色块，相应的颜色就会被指定为前景色		**"通道"面板**：用于管理颜色信息或者利用通道指定的选区，主要用于创建Alpha通道及有效管理颜色通道
	"图层"面板：用于合成若干个图像，提供图层的创建和删除功能，并且可以设置图层的不透明度和图层蒙版等		**"信息"面板**：以数值形式显示图像信息，将鼠标指针移动到图像上，就会显示图像颜色相关的信息
	"颜色"面板：用于设置背景色和前景色，颜色可通过拖曳滑块指定，也可通过输入相应颜色值指定		**"样式"面板**：用于制作立体图标，只需单击鼠标即可
		"直方图"面板：可以展示图像所有色调的分布情况，图像的颜色主要分为最亮区域（高光）、中间区域（中间色调）和暗淡区域（暗调）3个部分	

4.3　选择工具

微课视频

在Photoshop中，最常用的就是选择工具。在Photoshop中只有对图像进行选择，才能应用Photoshop的编辑功能。下面我们来学习选择工具的使用方法和如何对选定的区域进行简单的编辑。

4.3.1　Photoshop的选择工具

要对图像进行操作，首先必须对图像进行选择，只有选择了合适的区域并对其进行编辑，才能达到想要的结果。Photoshop提供的选择工具如表4.3所示。

表4.3　Photoshop的选择工具

选择工具	作用	截图
选框工具	用于设置矩形、圆形、单行或单列选区	矩形选框工具　M 椭圆选框工具　M 单行选框工具 单列选框工具
套索工具	用于设置曲线、多边形或不规则形态的选区	套索工具　L 多边形套索工具　L 磁性套索工具　L

选择工具	作用	截图
移动工具	用于移动选区中的图像	
魔棒工具	用于将颜色值相近的区域指定为选区	快速选择工具 W / 魔棒工具 W
裁剪工具	用于设置选区并对其进行裁剪	裁剪工具 C / 透视裁剪工具 C / 切片工具 C / 切片选择工具 C

在Photoshop中，"快速选择工具"能够快捷且准确地从背景中抠出主体元素，从而创建效果逼真的合成图像。"快速选择工具"常与"调整边缘"配合，用于去除复杂的背景，以得到完美的无背景人像，如图4.16所示。

原图　　　　　　　　　　　　　抠取后合成的图像效果

图4.16

4.3.2 "矩形选框工具"的选项栏

本小节以"矩形选框工具"为例，介绍Photoshop选择工具的选项栏。

在工具箱中选择"矩形选框工具"，界面上端将显示图4.17所示选项栏，在其中可以设置羽化值、样式等。

图4.17

1. 羽化

该选项用于设置羽化值，以柔化选区的边框。羽化值越大，选区边框越圆，如图4.18所示。

羽化: 0px　　　　　　　羽化: 50px　　　　　　　羽化: 100px

图4.18

2. 样式

样式下拉列表中包含3个选项，分别为正常、固定比例和固定大小。

正常：根据鼠标指针的拖曳轨迹指定矩形选区，如图4.19所示。

图4.19

固定比例：用于创建指定宽高比例的矩形选区。例如将"宽度"和"高度"分别设置为3和1，然后按住鼠标左键拖曳即可制作出宽高比为3:1的矩形选区，如图4.20所示。

图4.20

固定大小：输入"宽度"和"高度"值后，按住鼠标左键拖曳可以绘制指定大小的选区。例如将"宽度"和"高度"均设置为3厘米，然后按住鼠标左键拖曳就可以制作出宽和高均为3厘米的矩形选区，如图4.21所示。

图4.21

4.3.3 实例：利用"多边形套索工具"创建选区并更改颜色

"多边形套索工具"可以通过多次单击，绘制直线形的多边形选区。虽然它不像"磁性套索工具"那样可以紧紧地吸附在图像边缘，从而方便地制作出选区，但是只要多次单击，便可以绘制出多边形选区。下面使用"多边形套索工具"选择人物的服装并改变其颜色，如图4.22所示。

原图　　　　　　　　　　　　　　效果

图4.22

1. 选择多边形套索工具

（1）执行"文件|打开"命令（快捷键为"Ctrl+O"），打开"4.3.3.jpg"文件。

（2）右击工具箱中的"套索工具"按钮，在弹出的菜单中选择"多边形套索工具"，在画面中围绕需要选择的区域连续单击，以创建选区，如图4.23所示。

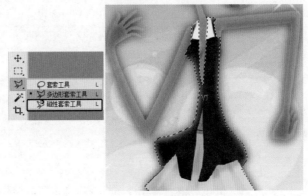

图4.23

2. 利用"色相/饱和度"命令调整色调

（1）执行"图像|调整|色相/对比度"命令（快捷键为"Ctrl+U"），打开"色相/饱和度"对话框，设置参数，然后单击"确定"按钮。

（2）按Ctrl+D组合键取消选区，如图4.24所示。

图4.24

4.3.4 实例：编辑选区

创建选区后，可以添加选区、删除选区或者与其他选区保留共同的区域。在工具箱中选择"矩形选框工具"，选项栏中会显示该工具的选项，如图4.25所示。

图4.25

- 新选区▣：用于建立新选区。
- 添加到选区▣：用于在原选区中添加选区，按住Shift键利用选框工具也可以添加选区。
- 从选区减去▣：用于在原选区内删除指定区域，按住Alt键利用选框工具也可以删除选区。
- 与选区交叉▣：用于在原选区和新指定的选区内选择相交的部分作为选区，按Alt+Shift组合键利用该按钮也可以选择两个选区的共同区域。

1. 添加选区

（1）执行"文件|打开"命令（快捷键为"Ctrl+O"），导入素材文件，并为红色树叶创建选区。

（2）单击"添加到选区"按钮▣，使用"矩形选框工具"建立选区，得到添加选区后的效果，如图4.26所示。

建立选区　　　　　　　　添加矩形选区　　　　　　　　最终选区

图4.26

2. 减去选区

（1）使用椭圆选框工具建立选区，单击"从选区中减去"按钮▣。

（2）利用"矩形选框工具"，指定想要删除的矩形选区，得到删除选区后的效果，如图4.27所示。

建立选区　　　　　　　　删除矩形选区　　　　　　　　最终选区

图4.27

3. 交叉选区

（1）执行"文件/打开"菜单命令（Ctrl+O），导入素材文件。使用矩形选框工具建立选区，单击"与选区交叉"按钮回。

（2）利用"椭圆选框工具"，指定想要交叉的选区，得到交叉选区后的效果，如图4.28所示。

| 建立选区 | 交叉选区 | 最终选区 |

图4.28

4.4 颜色填充工具

微课视频

如果需要修饰选区内的图像，或者简单地合成图像，只需使用颜色填充工具，设置填充的颜色或者图案，然后单击鼠标即可。下面我们来学习填充颜色和粘贴图案的方法。

4.4.1 "渐变工具"和"油漆桶工具"

只要掌握了"渐变工具"和"油漆桶工具"的使用技巧，便可以使图像的颜色产生丰富的变化。下面我们来学习这两种工具在填充颜色时的方法，如表4.4所示。

表4.4　颜色填充工具

工具	截图	快捷键
渐变工具：可以将简单的颜色填充为具有过渡的渐变色效果		G
油漆桶工具：可以填充特定的颜色和图案，从而表现合成效果		G

渐变工具：能够丰富颜色，实现渐变填充效果，如图4.29所示。

图4.29

油漆桶工具：能够将颜色和图像作为图案进行填充，如图4.30所示。

图4.30

4.4.2 实例：使用"渐变工具"填充颜色

使用"渐变工具"可以阶段性地填充颜色。渐变包括线性、径向、角度、对称、菱形等多种样式。下面我们使用渐变样式来填充图像的背景，如图4.31所示。

原图   效果

图4.31

1. 将背景部分设置为选区

（1）执行"文件|打开"命令（快捷键为"Ctrl+O"），打开"4.4.3.jpg"文件。在工具箱中选择"魔棒工具" ![]。

（2）在选项栏中单击"添加到选区"按钮 ![]，然后单击背景部分建立选区，如图4.32所示。

图4.32

2. 选择渐变工具

（1）按Delete键将选区内的内容删除。在工具箱中选择"渐变工具"。在选项栏中单击"线性渐变"按钮 ，然后单击渐变样式下拉按钮。

（2）在弹出的渐变样式列表中，单击"铜色渐变"图标 ，如图4.33所示。

图4.33

3. 应用渐变

按住鼠标左键拖曳，就会对背景应用线性渐变，如图4.34所示。

图4.34

4.4.3 实例：使用"油漆桶工具"填充图案

使用"油漆桶工具"可以轻松地在选区内填充颜色和选定的图案。下面我们使用"油漆桶工具"将白色背景变为选定的图案，如图4.35所示。

原图   效果

图4.35

1. 选择"魔棒工具"

（1）执行"文件|打开"命令（快捷键为"Ctrl+O"），打开"4.4.2.jpg"文件。在工具箱中选择"魔棒工具" 。

（2）设置"容差"为32，单击创建选区，如图4.36所示。

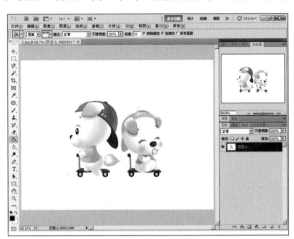

图4.36

2. 设置图案选区

（1）执行"文件|打开"命令（快捷键为"Ctrl+O"），打开"背景.jpg"文件。执行"选择|全部"命令，将整个图像设置为选区。

（2）执行"编辑|定义图案"命令，弹出"图案名称"对话框，设置图案名称为"by"，然后单击"确定"按钮，如图4.37所示。

3. 填充图案

（1）切换到"4.4.2.jpg"图像，选择"油漆桶工具"，在选项栏中将填充类型设置为图案，然后单击下拉按钮 ，选择保存的"by"图案。

（2）单击背景部分进行图案填充，效果如图4.38所示。

图4.37　　　　　　　　　　　　　　　　　图4.38

4.5 调整颜色

微课视频

调整图像的颜色，可以去除图像中的瑕疵，也可以使普通的照片具有艺术感。在进行图像处理时，调整颜色是必不可少的环节。我们可以用Photoshop的各种命令来对图像的颜色进行不同程度的调整，如亮度/对比度、色阶、曲线、色相/饱和度等；同时还可以将几种命令结合使用，使图像呈现出令人意想不到的效果。接下来就分别讲解不同命令的使用方法。

使用"亮度/对比度"命令可以对图像的色调范围进行调整,它的使用方法非常简单。用户如果暂时还不能灵活使用"色阶"和"曲线"命令,当需要调整图像的亮度和对比度时就可以使用该命令。

打开一幅图像,执行"图像|调整|亮度/对比度"命令,弹出"亮度/对比度"对话框,向左拖曳滑块可降低亮度和对比度,向右拖曳滑块可提高亮度和对比度。如果在对话框中勾选"使用旧版"复选框,则可以得到与Photoshop旧版本相同的调整结果。

示例图片和"亮度/对比度"对话框如图4.39所示。

原图

图4.39

亮度:用于调节图像的亮度,数值越大,图像越亮,如图4.40所示。

通过调整亮度修改图像的颜色

图4.40

对比度:用于调节图像的对比度,数值越大,图像越清晰,如图4.41所示。

通过调整对比度修改图像的颜色

图4.41

SAI+Photoshop插画设计(全彩微课版)

4.5.2 "色阶"命令

　　"色阶"命令经常用于扫描完图像以后调整颜色，它可以对过暗的图像进行全面的颜色调整。执行"色阶"命令后，弹出的"色阶"对话框中会显示直方图，拖曳下端的滑块可以调整颜色。左边滑块 ♣ 代表阴影，中间滑块 ⬤ 代表中间色，右边滑块 △ 则代表高光，如图4.42所示。

原图

图4.42

- "预设"下拉列表：利用此下拉列表可根据Photoshop预设的调整选项对图像进行颜色调整。
- "通道"下拉列表：利用此下拉列表可以在整个颜色范围内对图像进行色调调整，也可以单独调整特定颜色的色调。
- 输入色阶：输入数值或者拖曳直方图下端的3个滑块，可以高光、中间色、阴影为基准调整颜色对比，如图4.43所示。

向左拖曳高光滑块，图像会整体变亮

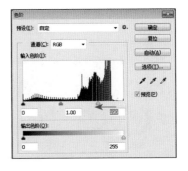

向右拖曳阴影滑块，图像会整体变暗

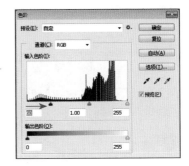

图4.43

- 输出色阶：在调节亮度的时候使用，与图像的颜色无关。
- 自动：单击该按钮，可将高光和阴影滑块自动移动到最亮点和最暗点。
- 颜色吸管：用于设置要调整的颜色。

- 设置黑场 🖋️：用黑色吸管选定的像素被设置为阴影的像素。
- 设置灰点 🖋️：用灰色吸管选定的像素被设置为中间色的像素。
- 设置白场 🖋️：用白色吸管选定的像素被设置为高光的像素。

4.5.3 "曲线"命令

执行"曲线"命令，弹出"曲线"对话框，在其中可以精确地调整颜色。我们可以看到，曲线根据颜色的变化，被分成了上端的高光、中间部分的中间色和下端的阴影3个区域，如图4.44所示。

- "通道"下拉列表：若要调整图像的色彩平衡，可以在"通道"下拉列表中选择所要调整的通道，然后对图像某一个通道的色彩进行调整。
- 曲线：水平轴（输入色阶）代表原图像中像素的色调分布，初始时被分成了5个带，从左到右依次是阴影（黑）、1/4色调、中间色、3/4色调、高光（白）；垂直轴（输出色阶）代表新的颜色值，从下到上亮度值逐渐增加；默认的曲线形状是一条从左下到右上的对角线，表示所有像素的输入与输出色阶相同；调整曲线的形状可改变像素的输入和输出色调，从而改变整个图像的色调分布。

将曲线向上弯曲会使图像变亮，将曲线向下弯曲会使图像变暗。曲线上比较陡直的部分代表图像对比度较高的区域，曲线上比较平缓的部分代表图像对比度较低的区域。

使用"通过绘制来修改曲线"工具 🖋️ 可以在曲线缩略图中手动绘制曲线。为了精确地调整曲线，可以增加曲线缩略图的网格数，按住Alt键单击缩略图，也可以在"显示数量"选项组中单击 ▦ 按钮，如图4.45所示。

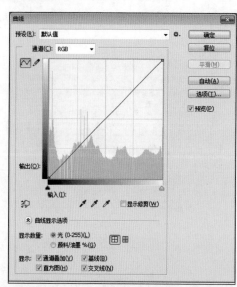

图4.44

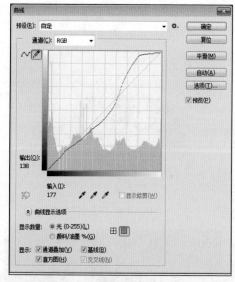

图4.45

默认状态下，在"曲线"对话框中，移动曲线顶部的点主要是调整高光，移动曲线中间的点主要是调整中间色，移动曲线底部的点主要是调整阴影。

4.5.4 实例：通过"曲线"命令调整图像的颜色

Photoshop可以调整图像的整个色调范围及色彩平衡，但它不是通过控制3个变量（阴影、中间色和高光）来调节图像的色调，而是对0～255色调范围内的任意点进行精确调节。下面讲解如何通过"曲线"命令调节图像，使图像的颜色更加亮丽，如图4.46所示。

原图　　　　　　　　　　　　效果

图4.46

（1）执行"文件|打开"命令，打开"4.5.4.jpg"文件。

（2）执行"图像|模式|Lab颜色"命令，将图像转换为Lab颜色模式，如图4.47所示。

（3）执行"图像|调整|曲线"命令，或按Ctrl+M组合键，弹出"曲线"对话框。

（4）设置"通道"为"a"，分别将曲线的两个端点向相反的方向调整两格，使曲线变得更陡。此时图像的整体颜色已经发生改变，如图4.48所示。

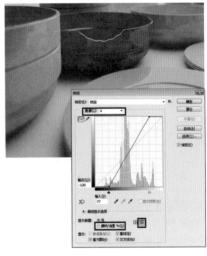

图4.47　　　　　　　　　　　　图4.48

（5）设置"通道"为"b"，分别将曲线的两个端点向相反的方向调整两格，使曲线变得更陡。此时图像的整体颜色变得更加亮丽，如图4.49所示。

（6）设置"通道"为"明度"，将曲线的右端点向左调整一格，提高图像的对比度。此时图像的整体颜色变亮，如图4.50所示。

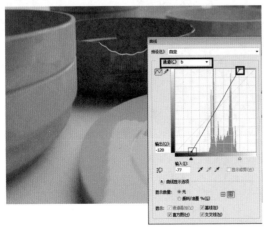

图4.49　　　　　　　　　　　　图4.50

（7）执行"图像|模式|RGB颜色"，将图像转换为RGB颜色模式。

（8）在图层面板中，将"背景"图层拖曳到"创建新图层"按钮 ![]上，生成"背景副本"图层。

（9）选中"背景副本"图层，执行"滤镜|风格化|查找边缘"命令，对图像进行描边，效果如图4.51所示。

（10）在图层面板中，将"背景副本"图层的混合模式设置为"叠加"。将原图像和应用了滤镜的图像合成，制作出色彩斑斓的图像效果，如图4.52所示。

图4.51

图4.52

本实例主要介绍了利用"曲线"命令调整图像颜色的方法。在制作过程中，需要合理调整曲线的形状，以改变图像的颜色。值得注意的是，在"通道"选项中，可以针对图像需要调整的颜色来选择通道（Lab颜色模式有明度、a、b通道），从而更细致地改变图像的颜色。

4.5.5 实例：通过"色相/饱和度"命令改变颜色

"色相/饱和度"是Photoshop中非常重要的命令，可以对颜色的三大属性——色相、饱和度（纯度）、明度进行修改。它的特点是既可以单独调整某一颜色的色相、饱和度和明度，也可以同时调整图像中所有颜色的色相、饱和度和明度，如图4.53所示。

原图   效果

图4.53

（1）执行"文件|打开"命令，打开"4.5.5.jpg"文件，如图4.54所示。

（2）在工具箱中选择"快速选择工具"，为车身建立选区，以便对车身进行相关操作。

（3）按Ctrl+J组合键复制选区，得到"图层1"图层，如图4.55所示。

图4.54

图4.55

（4）执行"图像|调整|色相/饱和度"命令，或按Ctrl+U组合键，打开"色相/饱和度"对话框。在对话框中设置相关参数，单击"确定"按钮，使选区内的图像变为紫色，如图4.56所示。

图4.56

（5）选中"背景"图层，执行"图像|调整|色相/饱和度"命令，设置参数，使背景内的图像变为红色，如图4.57所示。

图4.57

1. 照片颜色调整练习

打开本书素材"练习4-1.jpg"文件，使用Photoshop中的"去色"命令将该文件制作为黑白照片。

练习要求

① 对照片进行去色处理，使黑白灰颜色过渡均匀。
② 对照片的对比度进行调整，使曝光度降低。

2. 照片修饰练习

打开本书素材"练习4-2.jpg"文件，使用Photoshop中的"修补工具"修复照片的瑕疵。

练习要求

① 对照片进行裁剪处理，裁掉左边的电线杆。
② 使用"修补工具"或"仿制图章工具"消除照片中的木桩。

SAI+Photoshop插画设计（全彩微课版）

第 **5** 章 线稿的掌握和练习

5.1 插画中线条的表现

在画插画之前，要先进行基本练习，一般是从线条的表现开始，因此需掌握各种线条的画法。

5.1.1 直线

在绘制直线的过程中，注意徒手画直线时不需要画得过于笔直，最主要的是用笔的力度要均匀、线条的间距要统一，以免出现杂乱无章的效果。

1. 以均匀的力度慢慢地画出间距相等的直线（见图5.1）

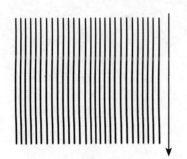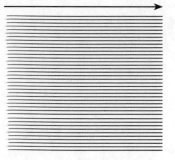

竖线：从上往下慢慢画出直线　　　横线：从左往右慢慢画出直线　　　斜线：从左下角向右上角画出直线

图5.1

2. 以不同的力度画出粗细不同的直线（见图5.2）

力度大　　　　　　力度中等　　　　　　力度小　　　　　　力度不均匀

图5.2

3. 画出间距不同的直线（见图5.3）

间距大　　　　　　间距中等　　　　　　间距小　　　　　　间距不均匀

图5.3

5.1.2 曲线

曲线在插画绘制中较常用，如绘制人物和道具的时候常常会使用各种不同的曲线来画出外轮廓，如图5.4所示。

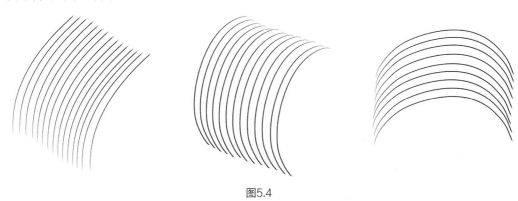

图5.4

要想绘制出优美的曲线，需要注意用笔的力度。在刚开始的时候用笔力度会比较小；画到中间的时候慢慢地将力度加大，同时要注意表现出曲线的弧度；最后慢慢地收力，形成优美的线条。

1. 画弧（见图5.5）

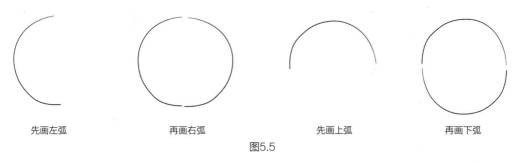

先画左弧　　　　再画右弧　　　　先画上弧　　　　再画下弧

图5.5

2. 画不同曲率的曲线（见图5.6）

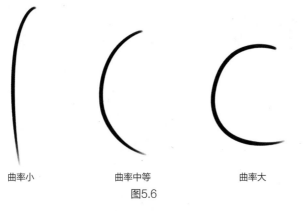

曲率小　　　曲率中等　　　曲率大

图5.6

曲线的运用比较广泛，因此掌握好不同曲率曲线的画法是很重要的。插画中的人物就是由不同的曲线构成的。

3. 画长波浪线（见图5.7）

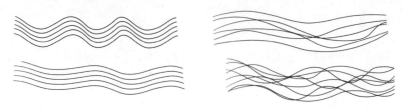

图5.7

5.1.3 变化线

将直线和曲线加以适当变化，就可以表现出很多种不同的效果，如图5.8所示。

图5.8

SAI+Photoshop插画设计（全彩微课版）

集中线常常用于表现闪光、强光和爆炸等效果。其中心点在画面中的位置如图5.9所示。

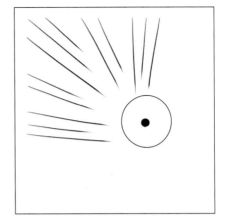

中心点在中间

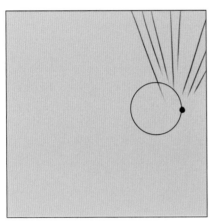

中心点在一侧

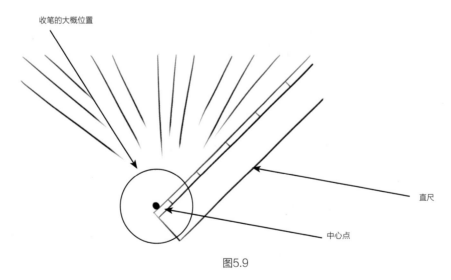

收笔的大概位置

直尺

中心点

图5.9

1. 集中线的绘制步骤（见图5.10）

（1）确定中心点的位置和高亮区域的大小与形状。

（2）将直尺紧贴中心点，一边旋转直尺一边画线。

（3）耐心地画完一圈，注意收笔的位置。

（4）用黑色填充外围，完成绘制。

图5.10

2. 波线纹的绘制步骤（见图5.11）

（1）改变纸的角度，用多条横线大致画出梯形。

（2）稍微改变角度，再大致画出梯形。

（3）画到适当的位置时，用倒梯形的形式呈现旋转方向。

（4）重复添加横线，完成绘制。

图5.11

3. 网纹的绘制步骤（见图5.12）

（1）画出一小块方形的网纹图案。

（2）改变角度，再画出一个网纹图案。

（3）在中间添加一个网纹图案。

（4）重复上面的步骤，完成绘制。

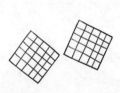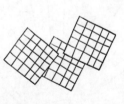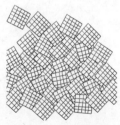

图5.12

5.2 SAI勾线

画笔库在SAI界面的左侧，有绘画所需的所有画笔，如图5.13所示。我们在绘制线稿时可以选用没有虚边、没有渐变的画笔，如"铅笔"。

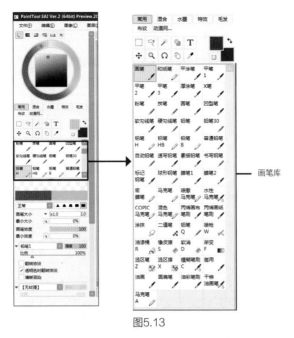

画笔库

图5.13

下面介绍两种勾线方法：一种是用画笔勾线，另一种是用"魔棒工具"  和"描边"命令来勾线。

5.2.1 方法一：用画笔勾线

（1）单击画笔库中的"铅笔H" ，在调色盘中选择黑色，在画布上进行绘制。"铅笔H"的特点是边缘清晰、不带过渡色，适用于绘制线稿。

（2）在下方属性栏中可以设置画笔的所有属性，如画笔大小、形状等，如图5.14所示。

图5.14

5.2.2 方法二：用"魔棒工具"和"描边"命令来勾线

优秀线稿的特点是清晰、流畅、有变化。

（1）在SAI中打开线稿文件"可爱的学生装.sai"，可以看到虽然该线稿描绘得非常清晰、流畅，但是整个画面太平均了，没有变化和层次感，如图5.15所示。

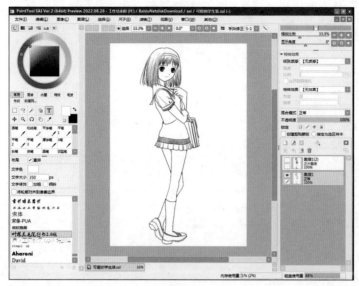

图5.15

（2）选择"魔棒工具" ，设置"选区取样模式"为 ⦿ 色差范围内的区域，选中线稿图层（最下层）中人物周围的空白区域，如图5.16所示。

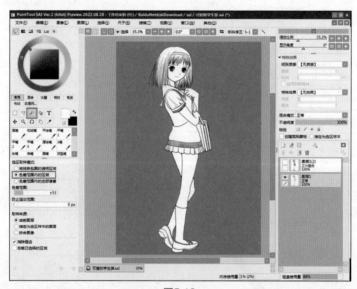

图5.16

💡 提示　通过设置"选区取样模式"可以控制"魔棒工具"的选择方式，通过设置"色差范围"可以控制其选择范围。

（3）新建一个图层，使其位于线稿上层，执行"图层|描边"命令，设置描边宽度，如图5.17所示。

（4）单击"OK"按钮，此时人物周围产生了较宽的勾线，线稿比之前更有层次感，如图5.18所示。

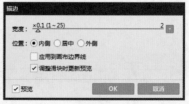

图5.17

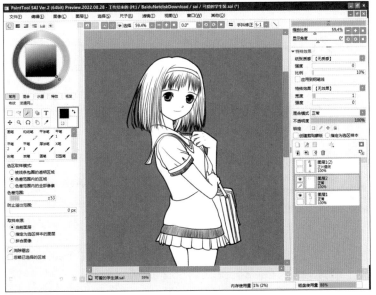

图5.18

（5）勾线后还可给不同区域上色，完成人物的绘制，如图5.19所示。

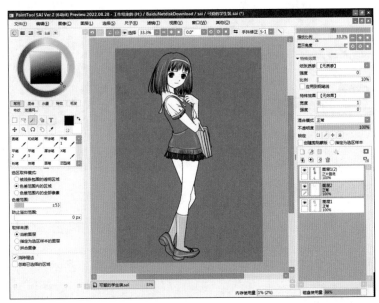

图5.19

5.3 插画的构图

如果一幅插画没有好的构图，其所表现的内容就会显得单调乏味，缺乏现场感，无法引起观者的兴趣。

5.3.1 一人构图

侧面的Q版女孩跳起来的动作呈三角形构图，如图5.20所示。

侧坐的Q版女孩，膝盖微屈，一手撑在裙摆上，呈三角形构图，如图5.21所示。

图5.20

图5.21

人物坐在地板上，双膝弯曲，整个人物和小精灵呈三角形构图，如图5.22所示。
人物头身上下颠倒，整体呈圆形构图，如图5.23所示。

图5.22

图5.23

5.3.2 二人构图

一人在上面，一人在下面，呈圆形构图，如图5.24所示。这样的构图比较独特，画面非常有动感。

两个Q版人物，一个抱着一个在转圈，呈三角形构图，如图5.25所示。

图5.24

图5.25

5.3.3 三人构图

倒三角构图能使画面具有活力，给人一种明快、动态的感觉。但需要注意的是，画面的左右两边最好有些不同，如图5.26所示。

正三角构图能表现出Q版人物关系密切，人物大小一致说明他们之间是同级关系。这种构图在插画中比较常见，画面给人以稳重感，如图5.27所示。

图5.26

图5.27

5.3.4 多人构图

倒三角构图中，将主要的Q版人物放在最前面，能表现出人物的主次关系，如图5.28所示。

用相同大小的格子表现不同的Q版人物，这种构图一般用于介绍出场人物，如图5.29所示。

图5.28

图5.29

照相式构图很自然地展示出每个人物的动态，家人、朋友等人物关系都可以用这种构图来表现，如图5.30所示。

图5.30

5.4 插画背景的表现

有时对背景进行特效处理能表现出人物内心的情绪，从而使画面更丰富有趣。一般来讲，如果没有特殊要求，背景不宜太复杂，能够对前景起到烘托作用即可，如图5.31所示。

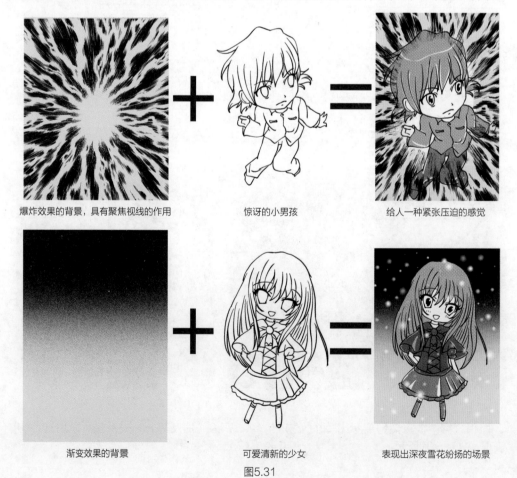

爆炸效果的背景，具有聚焦视线的作用　　　惊讶的小男孩　　　给人一种紧张压迫的感觉

渐变效果的背景　　　可爱清新的少女　　　表现出深夜雪花纷扬的场景

图5.31

唯美泡泡的背景，能表现轻松快乐的氛围

穿围裙的小女孩

图5.31（续）

表现出人物快乐的心情

 不同的人体比例特征

在插画绘制中，要对人体比例适当进行夸张处理，以达到艺术化表现的目的。不同的人体比例代表了不同的人物性格和特征，与场景中的故事情节和道具、背景相匹配才能得到较好的表现效果。

5.5.1 8头身比例和7头身比例

7～8头身比例一般用于表现个子比较高的人物。这种人物的特点是肩膀窄、脖子细、四肢修长，如图5.32所示。

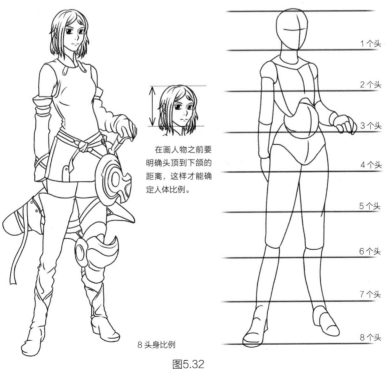

在画人物之前要明确头顶到下颌的距离，这样才能确定人体比例。

1 个头

2 个头

3 个头

4 个头

5 个头

6 个头

7 个头

8 个头

8头身比例

图5.32

常见的女性人体比例为6～7头身比例。7头身比例的人物身材较为高挑，身体纤细匀称，如图5.33所示。

7头身比例

图5.33

5.5.2 6头身比例和5头身比例

6头身比例的人物身体比较修长，该比例多用于塑造青少年人物。

6头身比例的人物，腿部的长度一般为全身的一半多。为了表现插画人物的形体美，一般会缩短大腿、拉长小腿，如图5.34所示。

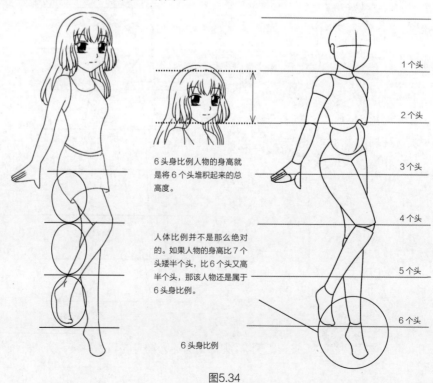

1 个头

2 个头

3 个头

6头身比例人物的身高就是将6个头堆积起来的总高度。

4 个头

人体比例并不是那么绝对的。如果人物的身高比7个头矮半个头，比6个头又高半个头，那该人物还是属于6头身比例。

5 个头

6 个头

6头身比例

图5.34

5头身比例的人物相对简单，该比例一般用于表现儿童，如图5.35所示。

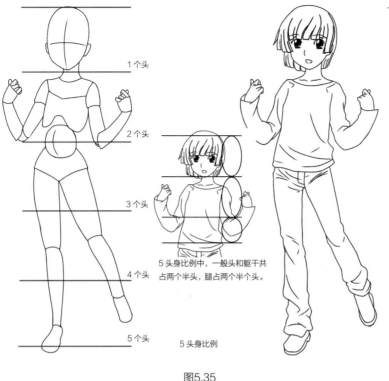

1 个头

2 个头

3 个头

4 个头

5 个头

5头身比例中，一般头和躯干共
占两个半头，腿占两个半个头。

5头身比例

图5.35

5.5.3 Q版头身比例

Q版头身比例常见的有4头身比例、3头身比例、2.5头身比例及2头身比例。图5.36所示为
4头身比例人物的示范。

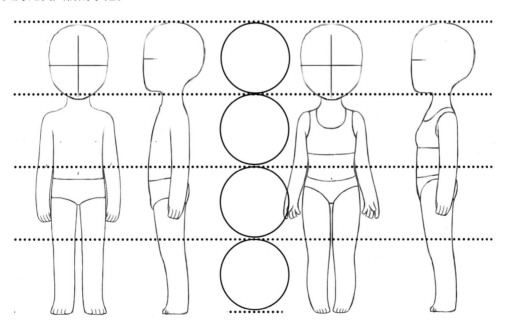

4头身比例

图5.36

在Q版插画中，各种人物大都采用的是2.5头身比例和2头身比例，体形有些像儿童，主要是为了表现可爱的效果，如图5.37所示。

2.5头身比例   2头身比例

图5.37

5.6 实例：萌系护士线稿

微课视频

下面我们学习人物线稿的绘制。当需要绘制的线条较多时，一定要注意线条的主次关系，不能画得太平均，否则画面就没有层次感，会显得很呆板。

（1）画出人物的眼睛和嘴等，注意眼睛的造型要准确，如图5.38所示。

（2）画出人物的刘海及脸部轮廓，注意刘海的造型应与脸型相称，如图5.39所示。

（3）画出人物头发的剩余部分及耳朵等，注意头发的细节和走向，如图5.40所示。

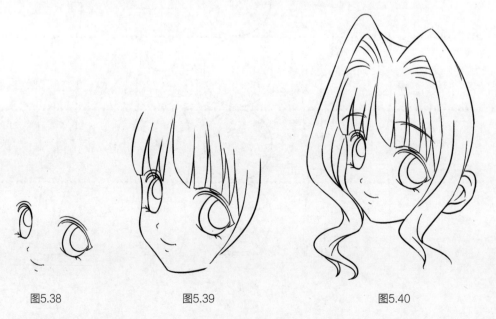

图5.38   图5.39   图5.40

（4）画出大大的护士帽，注意护士帽的透视关系要准确，如图5.41所示。
（5）画出人物的脖子以及护士的听诊器，如图5.42所示。

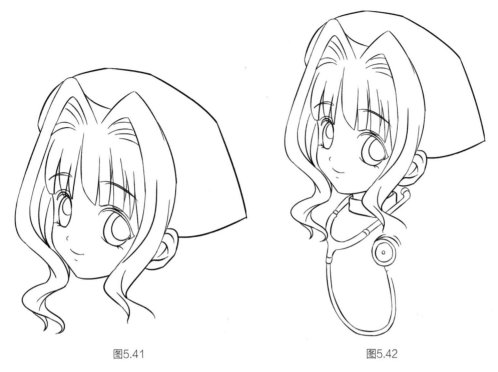

图5.41   图5.42

（6）画出人物的左手和肩部，使画面更加生动，如图5.43所示。
（7）画出人物的前胸及手臂的细节，如图5.44所示。

图5.43   图5.44

（8）完善人物的服装，画出右手，注意人物的姿势和服装的细节，如图5.45所示。
（9）画出人物外露的双腿，注意双腿应与上身协调，如图5.46所示。
（10）画出可爱的鞋子，使人物更加完整，如图5.47所示。

图5.45 图5.46 图5.47

（11）对头发等细节进行刻画，如图5.48所示。

（12）画出护士帽上的医院标志和服装的纽扣等，并刻画人物的眼睛，如图5.49所示。

（13）画出同伴的眼睛及嘴等，注意表情细节的表现，如图5.50所示。

图5.48 图5.49 图5.50

（14）画出同伴的脸型及部分头发等，如图5.51所示。

（15）完善同伴的头发，注意同伴头发发质和走向的表现，如图5.52所示。

（16）画出同伴的护士帽、左手、衣领和肩部等，如图5.53所示。

图5.51　　　　　　　　　图5.52　　　　　　　　　图5.53

（17）画出同伴的左臂、左手和手中的道具，以及右臂等，如图5.54所示。

（18）画出同伴的上身服装，注意服装褶皱的表现，如图5.55所示。

图5.54　　　　　　　　　　　　　　图5.55

（19）刻画同伴服装的剩余部分，并画出同伴的右手和手中的道具，如图5.56所示。

（20）画出同伴的双腿，注意双腿姿势的表现，如图5.57所示。

图5.56

图5.57

（21）画出同伴的鞋子，注意鞋子的比例，如图5.58所示。
（22）细化同伴的服装及头发，如图5.59所示。

图5.58

图5.59

（23）仔细刻画同伴的细节部分，尤其是同伴的眼睛，如图5.60所示。

　　在画腿、衣服和头发时，一定要注意用线的区别。画腿的线条粗而直，画衣服的线条较细，而画头发的线条不能太细也不能太粗，并且一定要流畅，这样才能体现出长发的飘逸。

（24）用单色填充画面中的头发和鞋子等区域，注意服装细节的处理，如图5.61所示。

图5.60

图5.61

5.7　实例：战士组合线稿

　　下面我们来学习人物组合的线稿绘制。人物腰部的细节比较多，我们一定要耐住性子仔细刻画。

（1）画出女士的部分头发、五官和胸部、肩部等，注意细节要刻画到位，如图5.62所示。

（2）刻画女士的头发，然后画出其腰部和左上臂、袖口，如图5.63所示。

（3）刻画女士的左前臂及头发，注意肘关节的动作要刻画准确，如图5.64所示。

（4）刻画女士的手、手套及手中的枪，注意握枪的姿势要刻画准确，如图5.65所示。

图5.62　　　　　　图5.63　　　　　　图5.64　　　　　　图5.65

（5）刻画女士腰部的细节，主要画出裤腰和皮带，如图5.66所示。

（6）刻画女士的短裤、腿部和左侧的靴子，注意靴子的细节要仔细刻画，如图5.67所示。

（7）刻画女士的另一只靴子，注意靴子的造型一定要刻画准确，如图5.68所示。

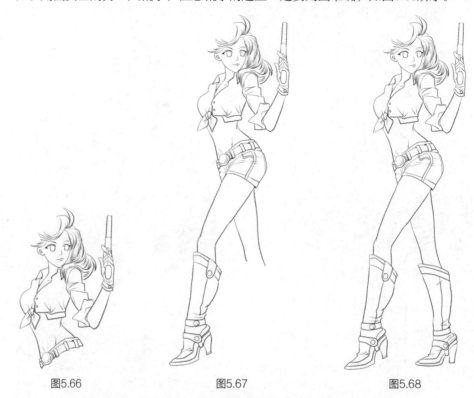

图5.66   图5.67   图5.68

（8）刻画女士的帽子和蓬松的头发，接着刻画其右臂、右手、手套及手中的枪，如图5.69所示。

（9）男士的个子比较高，刻画的时候一定要把握好男士的身高比例，确定男士头部的位置，然后刻画其头部、肩部和胸部等，如图5.70所示。

图5.69   图5.70

（10）男士的上衣比较复杂，要深入刻画其每一个细节，先画出上衣右边的细节，如图5.71所示。

（11）继续刻画男士上衣的褶皱，注意选择主要的褶皱进行刻画，完善上衣左边的细节，如图5.72所示。

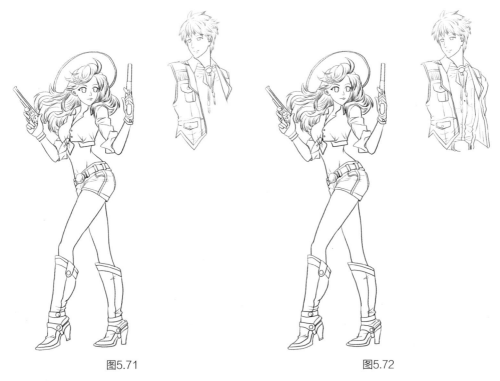

图5.71　　　　　　　　　　　　　　　　　　图5.72

（12）刻画男士的右上臂和腰部，一定要仔细刻画腰部的装备，如图5.73所示。

（13）刻画男士的右前臂和右手，一定要准确刻画手部的动态，如图5.74所示。

图5.73　　　　　　　　　　　　　　　　　　图5.74

（14）刻画男士的左臂及左手，注意手里的枪身要仔细刻画，如图5.75所示。

（15）刻画男士的右腿，要画好膝关节处的裤腿褶皱，如图5.76所示。

图5.75   图5.76

（16）用同样的方法刻画男士的左腿，还是要画好膝关节处的裤腿褶皱，如图5.77所示。

（17）绘完男士手里的枪，并刻画男士的靴子。男士的靴子比较复杂，一定要准确刻画其细节，注意不要着急，慢慢刻画，如图5.78所示。

图5.77   图5.78

SAI+Photoshop插画设计（全彩微课版）

（18）线稿绘制完成后，给人物的眼睛上色，注意高光和反光要仔细刻画；然后给人物的衣服及鞋帽等上色，主要用黑白灰来表现；最后勾线，如图5.79所示。

刻画面部的时候，一定要抓准人物的表情和动态。

先准确刻画胯部的动作，再刻画短裤的细节部分。

男士靴子上的图案也要刻画出来，这样就能使画面显得更加精致。

图5.79

1. 排线练习

　　线条是插画最基本的构成元素之一，绘制线条的熟练程度影响着整幅插画的效果。在熟练运用透视、构图、比例等理论知识的基础上，好的线条效果可以为插画锦上添花。

🖱 练习要求

　　❶ 练习排线时，一定要注意两头对齐。排线要密集。不管快线还是慢线，线条都有共同的属性，那就是两头重、中间轻，这表明，单一的线条也要有虚实变化。

　　❷ 练习排线时，要区分快线、慢线。不同的线条给人的感觉完全不一样，要表现出其各自的特点。

2. 线稿临摹练习

　　打开素材文件"练习5-1.png"，使用SAI进行线稿临摹。

🖱 练习要求

　　❶ 对素材文件进行线稿临摹并将线稿保存为sai2格式。

　　❷ 在SAI中对不同上色区域进行分层并给图层命名。

第6章 线稿的填色练习

6.1 线稿的颜色填充

完成线稿的绘制之后，就到了填色环节。在填色环节，我们首先要完成颜色的填充，然后根据光线的变化进行暗面和亮面的描绘。填色时，注意要使用不带虚化的画笔。下面介绍两种不同的填色方法。

6.1.1 方法一：运用画笔工具填色

将画笔的尺寸调大，这样可以进行手工填色。

（1）打开"填色练习1.sai2"文件，选中"魔棒工具" ，选中人物头发区域，如图6.1所示。

（2）此时可以看到，"魔棒工具" 并没有完全选中头发的空白区域，线稿边缘还有一些区域被遗漏，如图6.2所示。

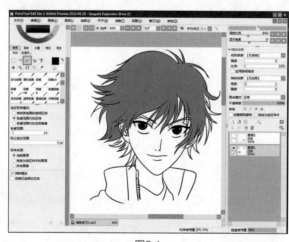

图6.1

图6.2

（3）单击 按钮取消选择，在属性栏中将"色差范围"调大，再次用"魔棒工具" 选中头发区域。此时由于调大了色差，头发区域被完全选中，如图6.3所示。

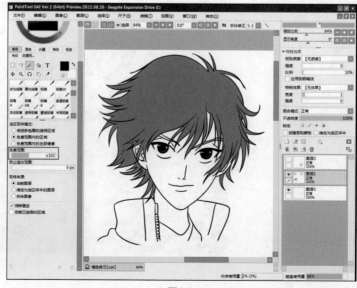

图6.3

微课视频

（4）在线稿图层下方新建一个空白图层，在画笔库中选择"铅笔" ，将"画笔大小"调大，然后开始涂色。此时由于画笔很大，所以它可以像喷枪一样给被选中区域上色，如图6.4所示。

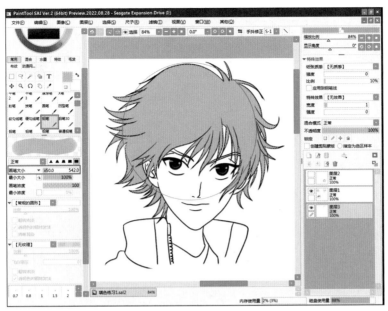

图6.4

6.1.2 方法二：运用组合工具填色

运用画笔工具填色的缺点是上色速度比较慢，绘画效率低。下面介绍运用组合工具填色的方法。

（1）打开"填色练习1.sai2"文件，选择"魔棒工具" ，选中人物头发区域，此时线稿边缘还有一些白色区域没有被选中。

（2）执行"选择|扩展选区"命令，在弹出的对话框中增大选区范围，即对选中的区域进行扩展，如图6.5所示。

微课视频

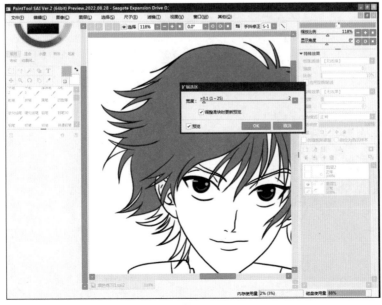

图6.5

（3）使用"选区笔"进行涂抹可以随意增大选区，使用"选区擦"进行涂抹可以随意减小选区，如图6.6所示。这种方法丰富了创建选区的方式，大家应熟练掌握。

（4）完成选区的创建后，使用"油漆桶"对选区进行填色。

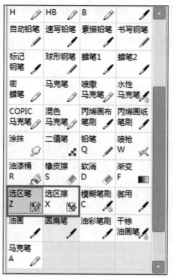

图6.6

6.2 线稿的立体感填色

填完底色后，就要进行立体感填色（也叫作二分值阴影填色）。立体感填色是将画面描绘出明暗两个部分，然后根据体积关系进行过渡色的虚化。这是绘制彩色插画非常重要的一步。完成立体感填色后，画面就会产生立体感，如图6.7所示。

微课视频

图6.7

6.2.1　方法一：使用"铅笔"+"模糊画笔"

下面使用"铅笔"和"模糊画笔"进行立体感填色。"铅笔"可以绘制出较硬的阴影，"模糊画笔"则可以将硬阴影修改成过渡色阴影。

（1）打开"填色练习2.jpg"文件，这是一张护士装人物插画线稿，这里用其中一个人物的靴子练习立体感填色，如图6.8所示。

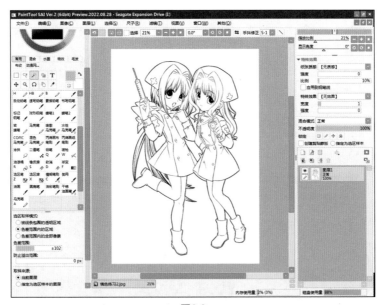

图6.8

（2）使用"魔棒工具" 选中靴子区域，被选中区域以紫色显示，如图6.9所示。

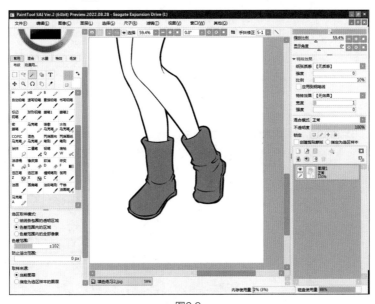

图6.9

（3）在画笔库中选择"油漆桶" ，设置前景色为灰色，给靴子上色，如图6.10所示。

（4）在画笔库中选择"铅笔" ，设置前景色为深灰色，绘制靴子的阴影，如图6.11所示。

（5）在画笔库中选择"模糊画笔" ，设置好"画笔大小"后，在靴子的明暗交接处进行涂抹，如图6.12所示。

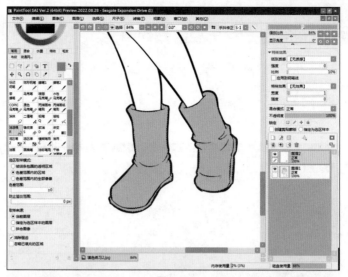

图6.10

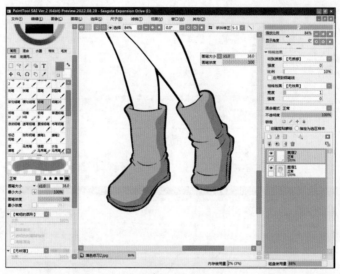

图6.11

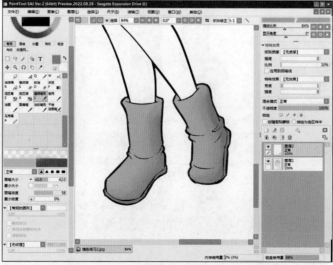

图6.12

6.2.2 方法二：使用"画笔"

下面使用"画笔"进行立体感填色。这种方法是直接用"画笔"在亮面和暗面进行涂抹，难度较大，对于熟练掌握色彩运用技巧的人较为适用。

打开"填色练习2.jpg"文件，用"魔棒工具" <img_1/> 选中靴子区域，在画笔库中选择"油漆桶" ，设置前景色为灰色，给靴子上色，如图6.13所示。选择"画笔" ，在靴子区域细化阴影，如图6.14所示。

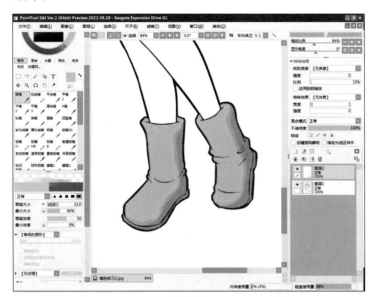

图6.13

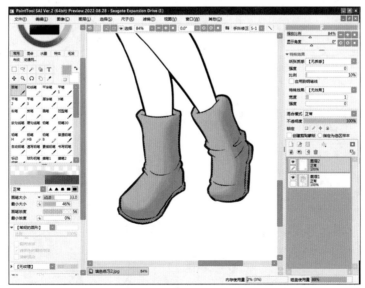

图6.14

6.2.3 方法三：使用选区工具+"喷枪"

下面使用选区工具和"喷枪"进行立体感填色。这种方法是先用"套索工具"选中区域，然后用"喷枪"进行喷涂。

（1）打开"填色练习2.jpg"文件，用"魔棒工具" 选中靴子区域，新建一个图层，设置前景色为浅灰色，用"油漆桶" 进行涂色，如图6.15所示。

图6.15

（2）再新建一个图层，勾选"创建剪贴蒙版"复选框，使用"套索工具" 选中靴子的阴影区域，如图6.16所示。设置前景色为深灰色，用"喷枪" 为阴影涂色，如图6.17所示。

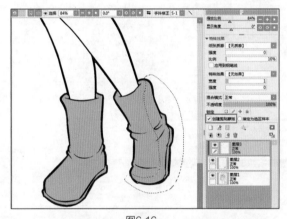

图6.16

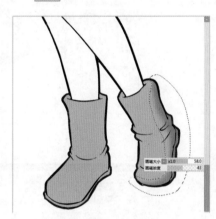

图6.17

说明 "喷枪"属性面板中有各种参数，通过调整参数可以调节喷枪的尺寸、透明度和纹理，如图6.18所示。

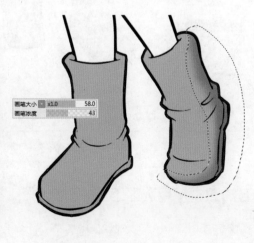

图6.18

SAI+Photoshop插画设计（全彩微课版）

进行立体感填色的方法有很多，以上介绍了最常用的3种，大家可以根据自己的绘画风格和喜好进行选择。

6.3 实例：舞蹈中的少女

这幅插画描绘了正在花中跳舞的少女，整个画面使用了粉色调，非常漂亮。插画中的两个Q版人物也刻画得特别精致，一个是美丽的长卷发少女，另一个是干练的短头发少女。插画的背景是粉色的，背景中的花朵是桃红色和白色的搭配，给人以和谐感，如图6.19所示。

微课视频

图6.19

（1）在SAI中打开"舞蹈中的少女.jpg"文件，在线稿中用"魔棒工具" 选中头发区域，然后新建一个图层，并给头发区域涂上灰色，如图6.20所示。接下来用前面介绍的方法给头发上色，效果如图6.21所示。

图6.20

图6.21

（2）选用淡黄色给长发少女的头发上底色，铺好底色后选用棕色刻画头发的暗面，注意要塑造出头发的层次感，如图6.22所示。

（3）选用棕红色给短发少女的头发上底色，选用深一些的棕红色刻画头发的暗面，注意颜色要涂抹均匀，如图6.23所示。

图6.22

图6.23

（4）给两个少女的眼睛铺底色。选用蓝色刻画长发少女的眼睛，如图6.24所示。选用紫红色刻画短发少女的眼睛，如图6.25所示。

图6.24

图6.25

（5）刻画两个少女的眼睛。刻画出眼睛的瞳孔，用"橡皮擦工具"擦出眼睛的高光和反光，如图6.26和图6.27所示。

图6.26

图6.27

（6）选用皮肤颜色给皮肤平涂上色，然后给少女的面部上腮红颜色，如图6.28所示。

皮肤颜色　　　　　　腮红颜色

图6.28

（7）蝴蝶结蓝色部分的上色比较简单，先平涂底色，然后选用深蓝色刻画暗面，如图6.29所示。

（8）裙子白色部分的暗面一般选用淡淡的粉色进行刻画，注意颜色不能刻画得过深，如图6.30所示。

图6.29　　　　　　　　　　　　　　　　　　　　图6.30

（9）选用桃红色在两个人物裙子的红色部分平涂，注意该留白的地方要留白，如图6.31所示。

（10）选用深桃红色刻画裙子红色部分的暗面，接着选用黑色和深灰色刻画人物的袜子，如图6.32所示。

图6.31　　　　　　　　　　　　　　图6.32

（11）刻画人物张大的嘴巴时，要注意表现出暗面和亮面，同时人物的发卡头饰等细节也要仔细刻画，如图6.33所示。

（12）给蝴蝶结上完色后，不要忘了人物身后的小尾巴，注意要刻画出尾巴颜色的变化，如图6.34所示。

图6.33　　　　　　　　　　　　　　图6.34

（13）给两个人物上完色以后，开始刻画背景的颜色。先选用淡粉色平涂背景，然后选用桃红色刻画背景上的装饰图案并进行渐变色上色处理，如图6.35所示。背景的颜色比较淡，刻画的时候一定要控制好颜色的深浅。

图6.35

6.4 实例：小红帽

这幅插画描绘了正在森林中漫步的小红帽，整个画面使用了暖色调搭配浅色背景。插画中的人物刻画得非常细致，使用了卡通风格将固有色和亮面及暗面轮廓梳理得非常清晰，如图6.36所示。

微课视频

图6.36

（1）在SAI中创建一个空白画布，选择"画笔"绘制草图，如图6.37所示。

图6.37

（2）将草图的不透明度降低，新建一个图层，在新图层中绘制线稿，如图6.38所示。

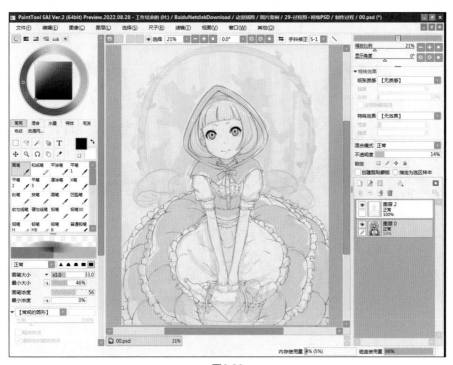

图6.38

（3）使用不同的颜色勾勒线稿，如皮肤用肤色线条、植物用绿色线条，目的是让线条的颜色和接下来上色使用的颜色融为一体，如图6.39所示。

（4）用"魔棒工具"  选中需上色的各个区域并进行分层。例如对人物区域进行分层，先在线稿中用"魔棒工具" 选中人物区域，然后新建一个图层，如图6.40所示。注意，服装、皮肤、物件、背景等都需要进行分层。

图6.39

图6.40

（5）删除"草图"图层，选中"衣帽"图层，用深红色配合"油漆桶" 给衣帽的主体部分上色，如图6.41所示。

（6）使用乳白色给上衣、裙子花边和围裙上色，如图6.42所示。

图6.41

图6.42

（7）给篮子、篮子盖布、篮子提手、红酒和酒标上色（这里先进行平涂上色），如图6.43所示。

（8）用肤色给皮肤和头发区域上色，用橘黄色给蝴蝶结上色，如图6.44所示。

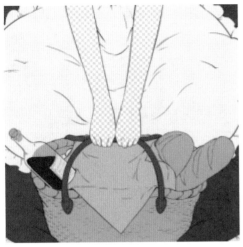

图6.43

图6.44

（9）用浅褐色给头发上色，注意刘海处不要涂满以透出皮肤色，用蓝色系色彩表现瞳孔的渐变色，如图6.45所示。

（10）用粉色给领口和袖口的蕾丝花边及纽扣上色，如图6.46所示。

图6.45

图6.46

（11）调整"画笔大小"和"画笔浓度"等参数，描绘面部红晕（鼻子、眼眶、耳朵、颧骨、嘴唇等处）和手臂阴影，如图6.47所示。

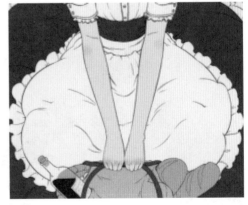

图6.47

（12）用墨绿色给瓶子上色，将该图层的不透明度设置为80，这样可以使玻璃产生半透明效果。刻画出酒标上的细节，如图6.48所示。

（13）用土黄色和浅褐色给面包上色，用棕色配合"涂抹工具" 绘制面包上的暗部，如图6.49所示。

129

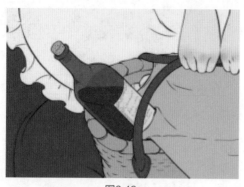

图6.48　　　　　　　　　　　　　　　　　　图6.49

（14）新建一个褐色投影图层，使用褐色描绘服装及篮子的投影，如图6.50所示。

（15）将褐色投影图层的混合模式设置为"正片叠底"，这样投影色就与底色融为一体了，如图6.51所示。

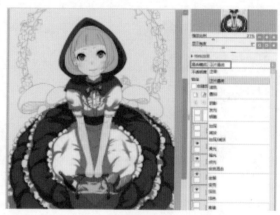

图6.50　　　　　　　　　　　　　　　　　　图6.51

（16）执行主菜单中的"图层|复制图层"命令，复制褐色投影图层作为冷色调投影图层。用"橡皮擦" 擦除白色上衣、围裙和裙子花边之外的投影。执行主菜单中的"滤镜|色调调整|色相/饱和度"命令，设置图6.52所示参数，将投影色改为冷色调。

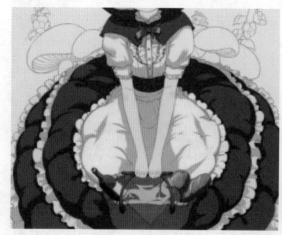
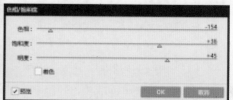

图6.52

（17）将冷色调投影图层的不透明度设置为50，这样可以产生半透明的效果，如图6.53所示。

（18）用绘制服装投影的方法绘制头发的投影，如图6.54所示。

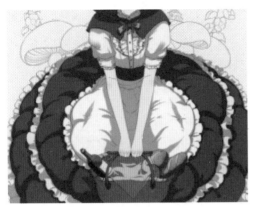

图6.53   图6.54

（19）新建一个深褐色投影图层，使用深褐色描绘更深的投影，如帽子内部、胳膊和服装皱褶深处区域，如图6.55所示。

（20）将深褐色图层的"混合模式"设置为"正片叠底"，这样投影色就与底色融为一体了，如图6.56所示。

图6.55   图6.56

（21）新建一个背景图层，用"油漆桶" 将背景填充为淡蓝色，如图6.57所示。

（22）在图层面板单击"创建图层蒙版"按钮，给背景图层创建黑白图层蒙版。设置前景色为白色，选择花环区域，给选择区域填充白色（在图层蒙版中，白色区域显示，黑色区域隐藏），如图6.58所示。

（23）新建一个竖条图层，用"油漆桶"将背景填充为更浅的蓝色，绘制竖条形状，如图6.59所示。

（24）在图层面板单击"创建图层蒙版"按钮，将黑白图层蒙版中的黑白蒙版复制到当前蒙版中，让竖条形状只显示在花环区域中，如图6.60所示。

图6.57

图6.58

图6.59

图6.60

（25）新建一个狼图层，设置前景色为淡蓝色，用"画笔" ✏ 绘制猎人和狼的图案，如图6.61所示。

（26）将狼图层的"混合模式"设置为"正片叠底"，这样投影色就与底色融为一体了，如图6.62所示。

图6.61

图6.62

（27）用浅褐色给花环上色，如图6.63所示。

（28）按照个人喜好给花环的花朵、蘑菇和叶片上色，如图6.64所示。

图6.63

图6.64

（29）用褐色给花环的投影上色，并将该图层的"混合模式"设置为"正片叠底"，如图6.65所示。

（30）绘制头发和服装的高光，新建一个图层，将该图层的"混合模式"设置为"发光"，用深灰色描绘高光，如图6.66所示。

图6.65

图6.66

（31）点缀眼睛和酒瓶上的高光，完成，如图6.67所示。

图6.67

1. 表情上色练习

临摹不同的人物面部表情并上色。

练习要求

❶ 在练习的时候,分析人物的表情是如何通过眉毛、眼睛和嘴巴的刻画来表现的。
❷ 对头发、眼睛和面部皮肤进行分层上色。

2. 线稿上色练习

打开"练习6-1.sai2"文件,使用SAI给线稿上色。

练习要求

❶ 对线稿进行分层并上色。
❷ 使用"剪切蒙版"等工具,以提高上色的效率。

SAI+Photoshop插画设计(全彩微课版)

第 7 章

唯美类漫画
插画设计

丰富多彩的漫画人物

漫画中的人物有的可爱，有的成熟，有的恬静，有的疯狂，这些丰富多彩的漫画人物使得漫画故事有着强烈的吸引力。

写实漫画人物与真实人物相似，身体轮廓分明，比例接近真实人物，真实感比较强，如图7.1所示。

Q版人物头大身子小，细节表现简略，表情神态夸张，给人幼小可爱的感觉，如图7.2所示。

图7.1   图7.2

少女漫画通常追求华丽唯美，对于人物的描绘比较细腻，美型度较高，如图7.3所示。

少年漫画的风格常常比较写实，人物特征比较突出，进行人物设定时就把人物特征嵌进去，如图7.4所示。

图7.3   图7.4

从真实人物到漫画人物形象的转变

漫画人物通常不是完全按照真实人物的身体比例画的，而是对基本结构进行变形夸张，从而达到美观的效果，如图7.5所示。

漫画人物

真实人物

漫画人物的手臂比较细，没有真实人物那么多的肌肉体块。所以漫画人物在用线上非常讲究，线条流畅。

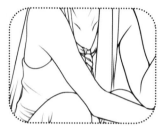

与真实少女相比，漫画少女的手臂更为修长，肌肉不明显，人物整体拉长，关节柔和。

漫画人物

漫画人物的腿一般都比较修长。

真实人物

漫画人物

图7.5

7.3 线条与块面的应用

在漫画中，线条与块面都是很重要的元素，缺一不可。人与物的绘制都离不开线条与块面的表现。

7.3.1 线条的应用

表现人物的线条以曲线为主，主要用来体现人物的造型。在刻画人物的时候，可以先从绘制草稿开始，草稿的线条又多以直线为主，以便于把握人物的结构和动态，如图7.6所示。

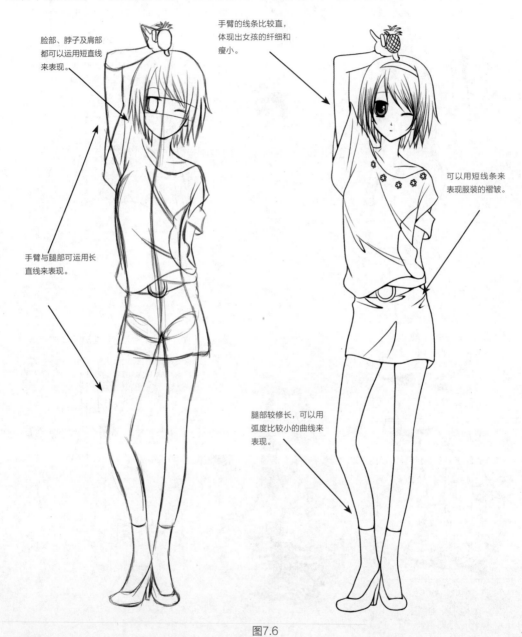

脸部、脖子及肩部都可以运用短直线来表现。

手臂与腿部可运用长直线来表现。

手臂的线条比较直，体现出女孩的纤细和瘦小。

可以用短线条来表现服装的褶皱。

腿部较修长，可以用弧度比较小的曲线来表现。

图7.6

7.3.2 块面的应用

将人物以块面的形式大致区分出来，就能够让人物的形象瞬间变得丰满起来，如图7.7所示。

SAI+Photoshop插画设计（全彩微课版）

138

运用不同明度的单色分别
填充人物的头发、上衣、
裙子等，对人物的块面进
行大致的区分。

在区分好的块面中再区分
出阴影区域，就能够体现
出人物的立体感。

图7.7

7.4 色彩知识

  下面我们来了解一下色彩的相关知识，只有对色彩知识有了充分的掌握，我们才能画出
漂亮的插画。

7.4.1 三原色

光的三原色即红、绿、蓝3种颜色，两两混合可以得到更亮的中间色：黄、青、品红。3种颜色等量混合可以得到白色，如图7.8所示。

颜料的三原色即青、品红、黄3种颜色。黄与品红混合为红色，黄与青混合为绿色，品红与青混合为紫色，3种颜色混合为接近黑色的深褐色，如图7.9所示。

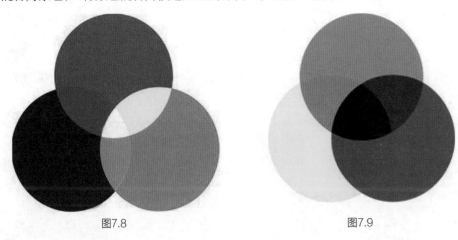

图7.8　　　　　　　　　　　　　图7.9

7.4.2 互补色和同色

在色环中，相对的颜色互为互补色，例如品红色的互补色是绿色，橙色的互补色是蓝色，黄色的互补色是紫色，如图7.10所示。同色是指颜色相近的一系列颜色，如图7.11所示。

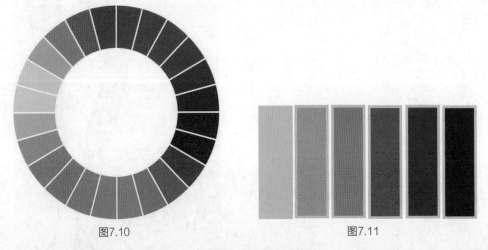

图7.10　　　　　　　　　　　　图7.11

大面积地在画面中使用互补色，画面的冲击感会很强烈，如果使用得好，会有意想不到的效果，如图7.12所示。但是如果控制不好颜色，画面就会很乱，显得花哨。

较多使用同色的画面会显得柔和很多，并且大众容易接受，但如果运用不当，整个画面就会显得发灰，主题不突出，没有重点，缺乏冲击力，如图7.13所示。

在大多数情况下，互补色和同色会出现在同一个画面中，这样画面既不会显得单调，又不会太突兀，如图7.14所示。

图7.12

图7.13

图7.14

7.4.3 冷色调和暖色调

色调总体可以分为暖色调和冷色调，不同的色调给人的感觉是不一样的，例如红色系就属于暖色调，蓝色系就属于冷色调。图7.15所示是冷色调和暖色调的图。我们在上色的过程中一定要注意色调的把握，一幅完整的插画作品一定要有统一的色调。

图7.15

7.5 光影知识

要想表现出物体的立体感，就一定要了解光影知识。图7.16所示为物体受到光线影响产生的影调。

图7.16

在漫画插画作品中，无论是人物的头发、衣服、皮肤还是携带的物品，都有亮面、暗面和高光等，因此都会出现光影的变化。光线越强烈，反射光就越强，光线越弱，反射光就越不明显，画面也就越柔和，如图7.17所示。

图7.17

7.6 实例：节日里的女孩

画线稿时要注意线条的粗细变化，画完后要保证线稿的完整性，如图7.18所示。

微课视频

眼睛是人物面部重要的组成部分，所以
要仔细刻画。先准确地刻画出上下眼
睑，特别是上眼睑的厚度要刻画到位。
刻画好轮廓之后，再给眼睛上色。

手是画面重要的视觉点之一，所以要仔细刻画手
的动态，注意线条的交叉关系要明确。这样画出
来的手会比较美。

图7.18

（1）在SAI中打开"节日里的女孩.jpg"文件，用"魔棒工具" ✏ 选中人物需上色的区域
并进行分层。先对头发区域进行分层，在线稿中用"魔棒工具" ✏ 选中头发区域，然后新建
一个图层，并用平涂的方法给头发区域涂上灰色，一个头发层就分好了。用"油漆桶"工具
🪣 以淡粉色给头发上色，如图 7.19所示。

图7.19

（2）上完头发的底色以后，选用肉色给皮肤上色，如图7.20所示。如果一种颜色用得比较多，最好一次性画完。

头发颜色　　　　　皮肤颜色

图7.20

（3）选用红色给衣服上色，如图7.21所示。在给人物胸前的衣服上色的时候，要特别注意不能涂到皮肤上。

图7.21

（4）给人物的眼睛、饰品、腰带、玫瑰等上色，注意颜色一定要刻画到位，如图7.22所示。

腰带颜色

裙子颜色

图7.22

（5）画完底色以后，深入刻画头发的暗面，注意要选用粗一些的画笔，这样容易塑造出头发的层次感，如图7.23所示。头部是塑造的重点，所以要仔细刻画头部的每一处细节，特别是人物的五官、头发。

图7.23

（6）选用淡黄色和淡粉色刻画头发的亮面和反光，如图7.24所示。在刻画头发的亮面和反光的时候，要表现出头发光亮的质感。

图7.24

（7）选用紫红色深入刻画人物脖子、手臂和脸部的暗面，选用蓝白渐变色给内衣填色。面部腮红和高光可用深粉色来表现，如图7.25所示。注意头发和额头的暗面要根据头发的造型刻画，这样效果才会比较逼真。

图7.25

（8）刻画衣服的暗面和亮面，以增加衣服的层次感，如图7.26所示。需要注意的是，应先刻画暗面，再刻画亮面。

图7.26

（9）深入刻画眼睛和腰带，先刻画暗面，然后刻画亮面和反光，最后画高光，如图7.27所示。漫画中人物的眼睛占比较大，是五官中的刻画重点。

图7.27

（10）刻画肩部和右衣袖上的花朵。刻画时一定要注意，褶皱处的花朵要随着褶皱的起伏有所变化。然后刻画手中的玫瑰花，玫瑰花在光线的照射下，颜色的层次感较强，要将玫瑰花上面的细节都刻画出来，如图7.28所示。

图7.28

（11）刻画左衣袖上的花朵，效果如图7.29所示。注意衣服上主要有3种颜色的花朵，上完一种颜色再上另一种颜色会比较快。

图7.29

（12）刻画衣服上剩余的花朵，先刻画花瓣，再刻画花蕊，如图7.30所示。

图7.30

（13）在Photoshop中叠加背景素材，完成后的作品如图7.31所示。

图7.31

SAI+Photoshop插画设计（全彩微课版）

7.7 实例：猫耳朵琪琪

上色前一定要检查线稿是否完整且干净，以保证能达到完美的效果，如图7.32所示。

有的地方颜色比较深，如上眼睑接近黑色，就可以在画线稿的时候顺便上色，以体现出线稿的体积感。

在画线稿时，注意线条的主次关系要明确，衣服的褶皱和细节要刻画到位。这样在上色时才能体现出每一处细节。

图7.32

（1）给人物的头发和皮肤铺上底色，如图7.33所示。
（2）选用深红色给人物的裙子铺上底色，注意颜色一定要涂抹均匀，如图7.34所示。

使用平涂的方法给人物的头发和皮肤上色。上色的时候要细心，不要画出线稿。

头发颜色

图7.33

裙子的细节一般体现在它的褶皱上，刚开始上色时不必注意太多细节，主要把颜色涂抹均匀、区域刻画准确即可。

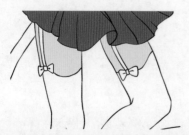

裙子颜色

皮肤的颜色比较淡，上色时一定要控制好颜色的深浅。

图7.34

（3）选用橘色以平涂的方法给人物的耳朵和尾巴上色，给人物的鞋子上色，一定要把握好鞋子的造型，这样刻画出来的画面才会更加精美，如图7.35所示。

图7.35

（4）选用湖蓝色给部分蝴蝶结上色，如图7.36所示。

图7.36

（5）选用深橘色以平涂的方法给人物的眼睛上色，同时补一下眼睛上方漏填色的头发的颜色，如图7.37所示。

给画面上色时，可以先归纳好颜色的色系，再开始上色，这样颜色就不容易上错。

图7.37

（6）选用橘红色以平涂的方法给头发的暗面上色，注意亮面和暗面的虚实关系要刻画到位，如图7.38所示。

给头发塑造层次感的时候，主要需刻画头发的亮面、暗面和灰面，这样画出来的头发比较有体积感。

图7.38

（7）选用淡粉色给皮肤的暗面上色，一定要刻画出皮肤亮面和暗面的虚实变化，如图7.39所示。

左臂的颜色变化比较复杂，一定要把细节刻画到位；脖子的颜色变化比较简单，注意把虚实变化刻画出来即可。

图7.39

（8）给裙子的暗面上色，注意裙子的暗面比较多，每一处都要刻画到位，如图7.40所示。

裙子褶皱处暗面的形状一定要刻画准确，这样才能表现出裙子的体积感。要想画出漂亮的插画，必须仔细刻画所有的细节。

图7.40

（9）选用粉色给裙子的白色部分和头饰的暗面上色，注意暗面的形状要刻画准确，如图7.41所示。

不要忘记刻画衣袖蝴蝶结及裙子上一排白色蝴蝶结的暗面。

图7.41

（10）刻画袜子，如图7.42所示。

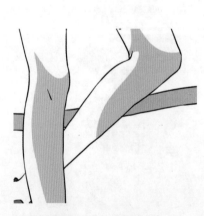

袜子不难刻画，因为袜子的颜色比较浅，变化不复杂。

图7.42

（11）刻画鞋子的暗面，以体现出鞋子的体积感，如图7.43所示。

鞋子是那种反光性不强的皮制鞋子，所以亮面和暗面的颜色变化比较复杂，一定要刻画准确。

图7.43

（12）选用深黄色给尾巴的暗面上色，如图7.44所示。

尾巴比较好刻画，只要刻画出它的暗面和亮面，体积感就产生了。在刻画尾巴时，还要注意光线照射的方向。

图7.44

（13）刻画耳朵，注意一定要把耳朵的造型刻画准确，如图7.45所示。

耳朵亮面与暗面的颜色变化比较复杂，亮面的颜色区域比较小，应选用小号笔，仔细刻画细节。

图7.45

（14）刻画所有蓝色蝴蝶结的暗面，注意蝴蝶结比较小，要选用合适的画笔，如图7.46所示。

蝴蝶结的塑造也比较简单，主要抓住亮面与暗面进行刻画即可。这样比较容易把握细节，表现出体积感，画出精致的画面。

图7.46

（15）眼睛是重点刻画的对象，一定要把眼睛的每一个细节都刻画到位，如图7.47所示。

一般先刻画眼睛的暗面，注意留出高光，然后刻画眼睛的亮面和反光。这样就能画出晶莹剔透的眼睛。

图7.47

（16）为裙子添加灰面和白边以塑造细节，然后刻画耳朵和尾巴的暗面，如图7.48所示。

裙子灰面的颜色变化比较复杂，所以一定要选用合适的颜色。画完灰面以后，选用白色画出裙子上的白边。

图7.48

（17）调整阴影和亮面的过渡，完善其他细节，完成后的作品如图7.49所示。

袜子暗面颜色　　　　　皮肤暗面颜色

图7.49

7.8 实例：爱丽丝的秘密

绘制线稿时，必须明确线条的主次关系，这样整个线稿才会比较有立体感，如图7.50所示。

裙子的花边比较多，给画面的绘制增加了
难度。在刻画裙子的时候，要先勾画出外
形，再仔细刻画细节。

画面比较复杂，要先刻画人物，
再刻画精灵。

图7.50

（1）准确绘制线稿，注意每一处细节都要刻画到位，如图7.51所示。

鞋子的造型要仔细刻画,以表现出精灵的可爱。

图7.51

(2)给人物的头发和皮肤上色,如图7.52所示。

给人物的头发上色时,要注意区分头发的亮面和
暗面。然后选用肉色给人物的皮肤上色。

图7.52

(3)选用天蓝色给人物的裙子上色,选用深蓝色给发带上的蝴蝶结上色,选用淡蓝色给
头绳上色,如图7.53所示。

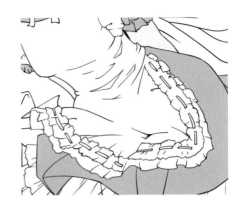

给裙子上色时，要注意留出围裙区域。裙子的细节比较多，一定要仔细刻画。

图7.53

（4）给人物手中的道具上色，选用水蓝色给人物的袜子上色，如图7.54所示。

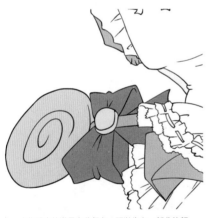

人物手中的道具有些复杂，可以先上一部分的颜色，再上另一部分的颜色。

裙子颜色　　　　　头发颜色

图7.54

（5）选用天蓝色和深蓝色给鞋子上色，给裙子上的细节处上色，如图7.55所示。

给鞋子上色时，一定要选择合适的颜色，并仔细刻画出颜色的变化。

图7.55

（6）给花、眼睛、道具和精灵的一部分上色，注意表现颜色的变化，如图7.56所示。

精灵的身体选用群青色，脖子上的铃铛选用淡黄色，眼睛选用湖蓝色，不要忘记给鸭子和百合花上色。

图7.56

SAI+Photoshop插画设计（全彩微课版）

（7）深入刻画人物的头发，注意头发暗面的层次要刻画到位，如图7.57所示。

给头发上色时，要塑造出头发的层次感，先刻画颜色最深的部分，再刻画亮面的颜色。注意，颜色过渡一定要自然。

图7.57

（8）深入刻画人物的皮肤，注意一定要刻画得细腻。刻画完皮肤以后，细致刻画头上的蝴蝶结和发带，主要刻画出蝴蝶结的暗面，如图7.58所示。

给皮肤上色时，颜色的过渡一定要自然，这样才能表现出人物皮肤的质感。

图7.58

（9）深入刻画人物的眼睛，注意要表现出水汪汪的感觉，如图7.59所示。

眼睛的细节比较多，高光、反光和暗面都要细致刻画。

图7.59

（10）刻画围裙的暗面，如图7.60所示。

围裙暗面的颜色变化比较复杂，要把每一处暗面都刻
画到位。注意，暗面和亮面的颜色过渡一定要自然。

图7.60

（11）细致刻画裙子的花边和后面的蝴蝶结，如图7.61所示。

跟围裙的上色方法一样，裙子的花边也选用蓝色和紫色
混合上色，注意颜色的过渡一定要自然。

图7.61

（12）细致刻画袜子，注意表现袜子颜色的变化，如图7.62所示。

先刻画出袜子的暗面，再刻画出袜子颜色的深
浅变化。

头发暗面颜色　　　　袜子暗面颜色

图7.62

（13）深入刻画鞋子及道具，主要选用湖蓝色刻画鞋子的暗面，如图7.63所示。

在深入刻画鞋子的时候，要表现出鞋子的体积感，注意鞋子暗面和亮面的颜色过渡要自然。

图7.63

（14）刻画裙子上褶皱的颜色，注意表现颜色的变化，如图7.64所示。

暗面主要选用群青色进行刻画，注意暗面和亮面的衔接处要自然。

图7.64

（15）细致刻画背景中的物件，主要是刻画扑克牌和百合花，如图7.65所示。

先选用天蓝色刻画百合花的暗面，然后刻画扑克牌的暗面。
注意不能平涂，颜色的变化要刻画到位。

图7.65

（16）给地面上色，注意颜色的变化一定要刻画到位，如图7.66所示。

地面的颜色比较多，要仔细刻画，特别是颜色与颜色衔接
的地方要处理到位。最后，画出地面上的格子及投影。

图7.66

（17）绘制背景中的大色块，然后用"模糊工具"绘制过渡颜色，完成后的作品如图7.67所示。

图7.67

 课后习题

1. 卡通化人物练习

将照片上的人物以卡通的形式表现出来。

![练习要求]

① 用6头身比例或Q版头身比例给人物设计造型。
② 适当夸张人物的动作和表情。

2. 线稿上色练习

打开"练习7-1.sai"文件，使用SAI进行线稿上色练习。

![练习要求]

① 对线稿进行分层并上色。
② 使用"剪切蒙版"等工具，以提高上色效率。

第 **8** 章

风格类插画设计

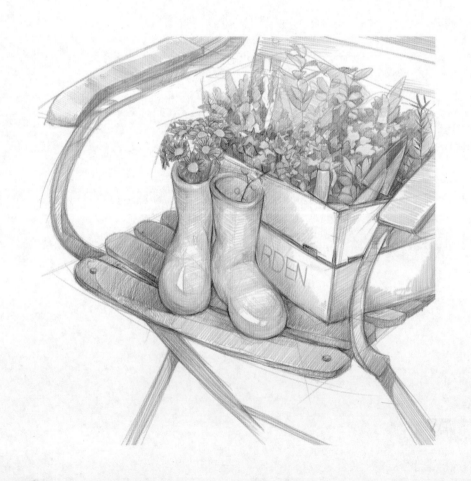

8.1 风格类插画概述

　　根据功能，插画可分为广告商业招贴插画、出版物插画、漫画插画和影视插画。根据风格，插画的类别就更多了，如扁平风格、渐变风格、呆萌风格、治愈风格、涂鸦风格、手绘风格、2.5D风格等，每种风格又可延伸出不同的画风，如手绘风格可延伸出水彩、彩铅、油画、划痕肌理等，如图8.1所示。这里我们选择两种插画风格来练习。

图8.1

8.2 治愈风格插画实例

微课视频

在胶鞋里种植漂亮的植物，其实是一种情怀；在废旧的木箱里种植自己喜欢的植物，是一种创意，能让花园变得更加美丽。本例使用SAI进行绘画练习，主要塑造的对象是黄色胶鞋里的鲜花，注意鲜花和胶鞋的细节要仔细刻画。后面的木箱里种着很多绿色的植物，前面的植物叶片要仔细刻画，后面的部分淡淡地表现出来即可。本例最终效果如图8.2所示。

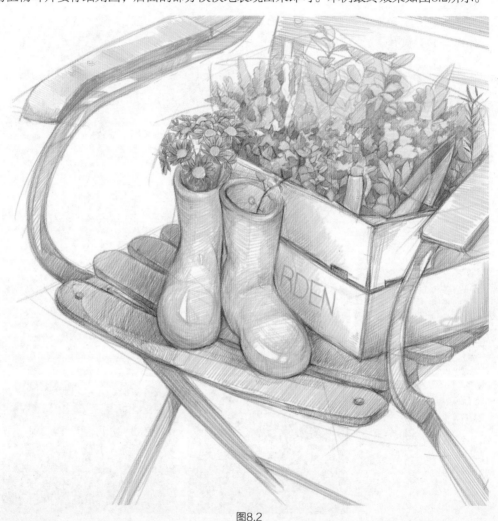

图8.2

8.2.1 线稿绘制

绘制线稿前，先将图层命名为"起稿"，然后选用"画笔浓度"为15的"铅笔HB" ^{铅笔
HB} 起稿，起稿完成后新建"线稿"图层，接着用"画笔浓度"为100的"铅笔" ^{铅笔} 勾线。

（1）用线条概括出胶鞋、木箱和椅子三者之间的位置关系，如图8.3所示。

（2）勾画出胶鞋、木箱和椅子的轮廓，如图8.4所示。

（3）勾画出植物，完善胶鞋、木箱和椅子的细节，如图8.5所示。

174

SAI+Photoshop插画设计（全彩微课版）

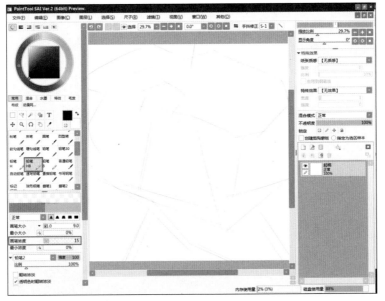

图8.3

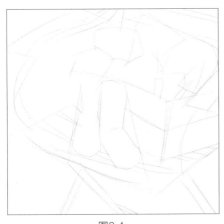

图8.4

图8.5

（4）选用实线画笔，把笔尖竖起来，用虚实相生的笔法重新勾画景物的轮廓，如图8.6所示。

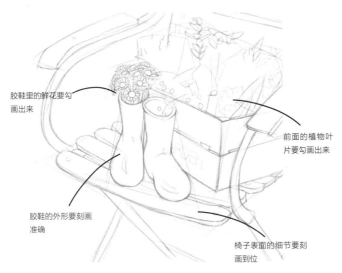

胶鞋里的鲜花要勾画出来

前面的植物叶片要勾画出来

胶鞋的外形要刻画准确

椅子表面的细节要刻画到位

图8.6

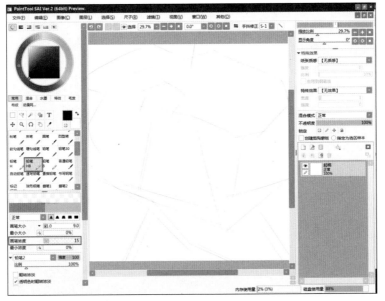

胶鞋和鲜花线稿的绘制细节

（a）用不规则的形状表现出胶鞋的外形状，如图8.7所示。

（b）勾画胶鞋的轮廓，如图8.8所示。

（c）勾画胶鞋的边缘，然后勾画里面的鲜花，如图8.9所示。

（d）擦掉多余的辅助线，然后仔细勾画胶鞋和鲜花的外形，并完善细节，如图8.10所示。

图8.7　　　　　　　　图8.8　　　　　　　　图8.9　　　　　　　　图8.10

8.2.2　上色

上色前，先在"线稿"图层下层新建一个图层并命名为"上色"，然后选用"画笔浓度"为55的"铅笔"，上色，注意用数位板上色时力度要小。

（1）用淡黄色、紫色、绿色和土黄色给胶鞋、鲜花和箱体上色，注意要斜握笔，用笔的侧锋排线，接着以同样的方法给其他相关区域上色，如图8.11所示。

（2）选用土黄色继续给胶鞋上色，用笔的侧锋排线，注意边缘处要仔细刻画。然后选用淡黄色、赭石色、橄榄绿色和草绿色给木箱和植物上色，用紫色加深花卉颜色，如图8.12所示。

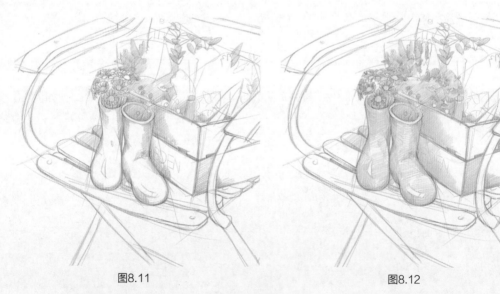

图8.11　　　　　　　　　　　　　　　　　　图8.12

（3）选用赭石色，竖起笔尖，用排线刻画椅子的第一遍颜色，然后勾画木箱的细节，最后选用绿色继续给木箱里的植物上色，如图8.13所示。

（4）选用赭石色和黑色继续刻画椅子，竖起笔尖，用笔尖排出细细的线条进一步表现椅子的颜色，如图8.14所示。

SAI+Photoshop插画设计（全彩微课版）

176

图8.13　　　　　　　　　　　　　　　图8.14

（5）选用黑色，用笔的侧锋排线刻画椅子两侧的扶手，然后选用深绿色、橄榄绿和叶绿色继续给木箱里的植物和工具上色，如图8.15所示。

（6）选用土黄色深入刻画胶鞋，注意一定要用笔尖排线，以塑造胶鞋的精致感，最后以同样的方法刻画木箱里靠前的植物，如图8.16所示。

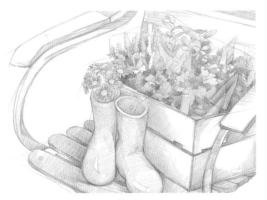

图8.15　　　　　　　　　　　　　　　图8.16

刻画胶鞋的时候，注意鞋口的厚度要刻画出来，小的暗面要用笔尖仔细刻画，如图8.17所示。

木箱里的植物叶片比较小，一定要用排线仔细刻画，如图8.18所示。

图8.17　　　　　　　　　　　　　　　图8.18

（7）选用熟褐色和赭石色，用排线仔细加深椅子的颜色，然后竖起笔尖，调整椅子和木箱的边缘线，如图8.19所示。

（8）选用赭石色和淡黄色调整画面的虚实关系，用笔锋排线塑造椅子的扶手，最后选用紫色刻画椅子扶手上的环境色，完成后的作品如图8.20所示。

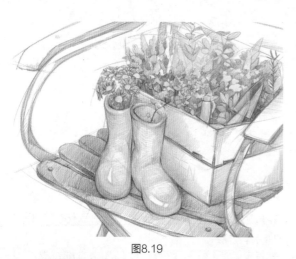

图8.19

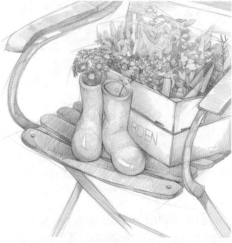

图8.20

8.3 油画风格插画实例

本例练习绘制油画风格插画。婚礼上那些穿着漂亮裙子的可爱花童很吸引人，下面就来绘制这样的场景。可爱的花童是这幅插画塑造的重点，因为人物比较多，所以要刻画出主次关系，让画面细节更加丰富。在刻画花童面前的餐桌时，桌角处的餐具和食品要仔细表现。本例最终效果如图8.21所示。

微课视频

图8.21

8.3.1　线稿绘制

打开SAI，新建A4尺寸的画布，将图层命名为"线稿"，然后选用"画笔浓度"为25的"铅笔HB"　起稿，勾勒出场景结构。

（1）用直线概括出人物和桌子的前后关系，如图8.22所示。

（2）勾画出现场所有人物的外形，注意动态要刻画准确，如图8.23所示。

（3）用实线慢慢勾画出人物衣服上的花边和装饰物，然后勾画出左上角的场景，如图8.24所示。

图8.22

图8.23

图8.24

（4）擦掉多余的辅助线，然后仔细勾画出衣服的外形和场景中的细节，如图8.25所示。

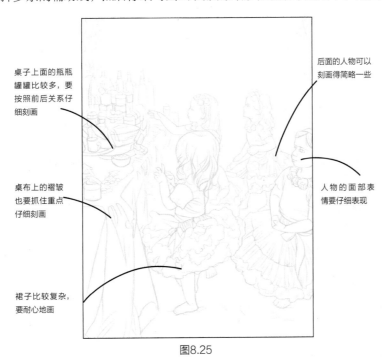

桌子上面的瓶瓶罐罐比较多，要按照前后关系仔细刻画

后面的人物可以刻画得简略一些

桌布上的褶皱也要抓住重点仔细刻画

人物的面部表情要仔细表现

裙子比较复杂，要耐心地画

图8.25

由于画面中线条较多、元素复杂，在刻画的时候一定要强调出虚实关系，如图8.26所示。

图8.26

人物线稿的绘制细节

（a）用直线概括出人物的轮廓，注意动态要勾画准确，如图8.27所示。

（b）用圆滑的线条勾画出人物的边缘，如图8.28所示。

（c）丰富人物头发的层次，然后勾画出裙子的褶皱和花边，如图8.29所示。

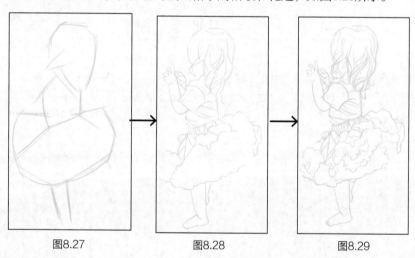

图8.27　　　　　　　　图8.28　　　　　　　　图8.29

8.3.2　上色

上色前，先在"线稿"图层下层新建一个图层并命名为"上色"，然后选用"画笔浓度"为85的"铅笔" 📎 上色。绘制阴影时尽量使用同类色，这样画面会显得比较干净。

（1）选用蔚蓝色、中黄色和草绿色给人物的头发、衣服和所有物件淡淡地涂抹一层颜色，如图8.30所示。

（2）从人物到周围的环境，都从暗面开始慢慢叠加颜色，让整个让画面的体积感更强，如图8.31所示。

（3）继续加深画面，从人物的头发、皮肤和裙子开始慢慢刻画暗面的颜色，刻画好人物的暗面后，再刻画桌子上的物件和桌布暗面的层次，如图8.32所示。

图8.30

图8.31

图8.32

　　画面最中间的人物虽然没有露出面部，但她是画面中的主要人物，是需要精心刻画的对象，如图8.33所示。

　　远处的人物在画面中起着营造空间感的作用，因此没必要刻画得非常细致，否则将会抢了画面的视觉重心，如图8.34所示。

图8.33

图8.34

（4）从画面桌角处的褶皱开始慢慢深入刻画细节，然后给前面的主要人物叠加颜色，注意其裙子的花边要仔细刻画，如图8.35所示。

图8.35

碗及所盛食物的上色细节

（a）选用青绿色，以平涂的方法淡淡涂上一层颜色，如图8.36所示。

（b）选用青绿色一层一层叠加，接着选用熟褐色，从碗的底部开始慢慢排线刻画影子，如图8.37所示。

（c）给碗的暗面叠加颜色，如图8.38所示。

（d）整体给碗和食物叠加一层颜色，注意颜色的深浅要把握好，如图8.39所示。

图8.36   图8.37   图8.38   图8.39

主要人物的上色细节

（a）选用中黄色，从头发的暗面开始上色，然后选用蔚蓝色刻画裙子的褶皱和花边，如图8.40所示。

（b）一缕一缕地仔细刻画人物的金发，然后重新勾画裙子的边缘，接着给裙子叠加颜色，如图8.41所示。

（c）从人物的头发到裙子再叠加两层颜色，注意亮面和暗面的颜色过渡要自然，如图8.42所示。

（d）加重暗面的颜色，让画面的体积感更强，如图8.43所示。

图8.40 图8.41

图8.42 图8.43

（5）选用赭石色、淡黄色和棕红色整体加深人物头发的颜色，然后选用蔚蓝色、青绿色和藏蓝色深入刻画人物裙子、桌布和桌子上面的物件，如图8.44所示。

（6）增加暗面颜色的层次，如图8.45所示。

图8.44 图8.45

（7）用有虚实变化的线条仔细勾画一遍轮廓，注意该加强的地方要加强，如图8.46所示。

图8.46

盒子及所盛食物的上色细节

（a）选用蔚蓝色淡淡地勾画出盒子的外形，如图8.47所示。
（b）选用藏蓝色慢慢加深盒子和食物的颜色，如图8.48所示。
（c）整体给盒子和食物叠加一层颜色，然后慢慢加深影子的颜色，如图8.49所示。
（d）调整盒子暗面的颜色，让整个盒子的颜色过渡更加自然，如图8.50所示。

图8.47   图8.48   图8.49   图8.50

　　人物的金发是画面中的一大亮点，要顺着发丝的方向一缕一缕地仔细刻画，描绘出更强的层次感，如图8.51所示。

图8.51

人物面部的上色细节

（a）选用淡黄色和粉红色给人物的头发和面部淡淡地铺一层颜色，如图8.52所示。

（b）选用赭石色仔细勾画人物的瞳孔，选用橘色和粉红色给头发和面部叠加颜色，如图8.53所示。

（c）从面部的暗面到亮面慢慢叠加颜色，然后仔细刻画人物的头发，如图8.54所示。

（d）选用粉红色刻画人物的嘴唇、鼻子和眼睛的暗面，最后刻画面部和头发，如图8.55所示。

图8.52

图8.53

图8.54

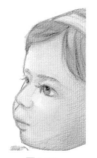

图8.55

（8）将插画保存为jpg格式，在Photoshop中打开，执行"滤镜|风格|油画"命令，给画面添加油画滤镜，如图8.56所示。

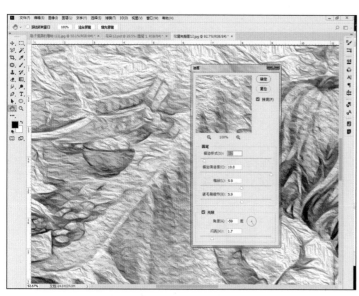

图8.56

（9）按Ctrl+L组合键，在弹出的"色阶"对话框中调整色阶，让画面颜色更加丰富，完成后的作品如图8.57所示。

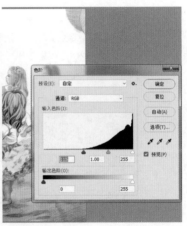

图8.57

课后习题

1. 总结不同风格插画的画法

将你喜欢或熟悉的插画和插画师分享给别人，并分析其特点。

练习要求

① 研究插画使用的技法。
② 分析插画师所用的软件和工具。

2. 确定自己的绘画风格

总结自己的绘画特点，并逐渐形成个人绘画风格。

练习要求

① 了解插画的绘画风格，并熟知各种风格的绘画方法。
② 确定自己的绘画风格，并总结自己在绘画方面的优缺点。

第 9 章

Photoshop插画
绘制：古典佳人

本章的重点是使用Photoshop的自带画笔及自定义画笔，绘制出类似油画的图像。本例最终效果如图9.1所示。

图9.1

9.1 设计造型

本章使用的3D图像由Poser创建，由于3D图像不太有图画的感觉，因此需要在Photoshop中重新绘制，3D图像在这里主要起参考作用。这个过程主要依靠画笔完成，因此本章会重点讲解画笔的使用技巧。比较一下3D图像与重新绘制的图像的区别，你会得到更多启示。

（1）使用Poser设计好的人物的姿势，并且设置好初始光效，如图9.2所示。

（2）改变模型的角度，同时调整光效，以观察模型呈现出的不同效果，最后确定底稿线条，如图9.3所示。

图9.2

图9.3

（3）确定好角度后，对模型进行渲染。根据所需尺寸设置输出大小，如图9.4所示。将文件保存在指定的地方。

（4）打开Photoshop，双击界面中的空白工作区域，通过出现的浏览器找到刚刚保存的文件并导入。执行"图像|调整|曲线"命令，调整曲线形状，提升模型暗面的亮度，以统一图像的颜色。将图像的亮度和颜色调整得更加适合二维图像，使人物皮肤的过渡更加平滑。这一步的操作结果将直接影响到图像的最终效果，因此要不断调整，直到自己满意为止。调整后的效果如图9.5所示。

图9.4

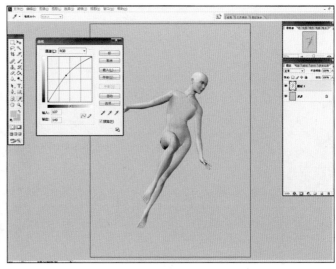

图9.5

9.2 修正底稿

微课视频

下面修正底稿，以后面进行线稿的绘制。

（1）新建一个图层，并命名为"线稿"。使用"画笔工具"参照人物的立体模型在"线稿"层上勾画底稿，同时注意修正底稿，如图9.6所示。

（2）单击模型图层前的按钮，取消该图层的可视状态，完成后的底稿如图9.7所示。

图9.6

图9.7

（3）Poser中的模型虽然已经够精致了，但看起来还是比较生硬，皮肤没有质感，明暗和关节部分的过渡不太自然。为了使模型的皮肤更加接近真实人物的皮肤，可以用"画笔工具" 将过渡部分柔化以平滑间隙，注意合理设定画笔的参数。在这个过程中，还可对颜色和人物造型进行调整，如图9.8所示。

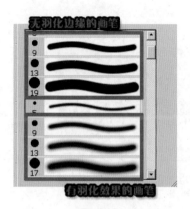

图9.8   图9.9

（4）面部的造型可以根据自己的喜好用画笔进行调整。面部可以刻画得更加红润一些，其余背光部分可以稍稍偏绿，以形成对比的效果，如图9.10所示。

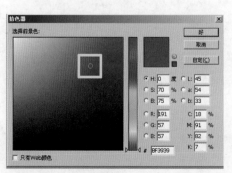

图9.10   图9.11

（5）在图层面板中新建名为"眉目"的图层，在该图层中画出眉目的轮廓，然后描绘出眼睛的固有色，如图9.12所示。

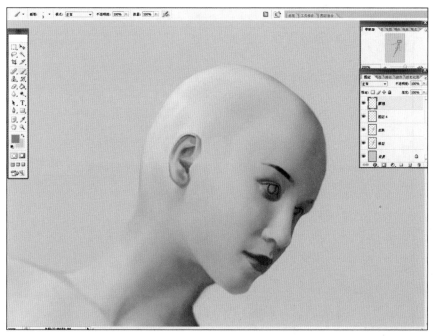

图9.12

9.3 面部的绘制

微课视频

下面进行面部的绘制。

（1）用直径较小的画笔，深入刻画眉目。绘制时所用颜色可以与模型产生适当的对比，以突出立体感，如图9.13所示。

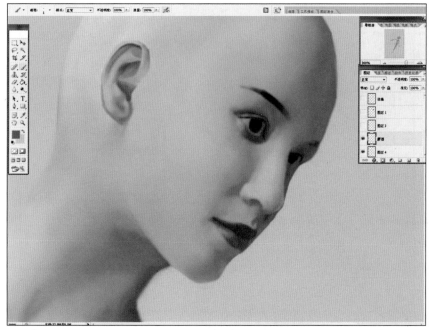

图9.13

（2）刻画面部的细节。为了使人物的肤色更自然，可以将鼻子（包括鼻翼部分）画得偏红，将嘴巴的明暗过渡柔化，并对耳朵部分采用偏红的处理方法，使得人物面部更有血色，如图9.14所示。

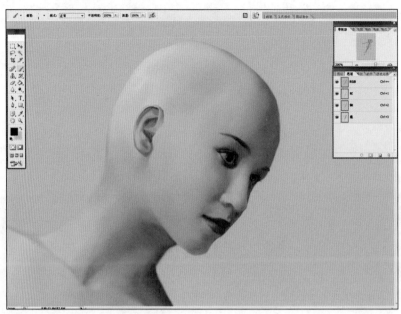

图9.14

9.4 头发的绘制

微课视频

下面进行头发的绘制。

（1）新建两个"头发"图层，注意它们的摆放位置：一层放在"背景"图层上层，另一层放在"眉目"图层上层。在下层的"头发"图层中用固有色绘制出身体后面飘飞的头发的大致形态，在上层的"头发"图层中绘制出额头的头发，效果如图9.15所示。

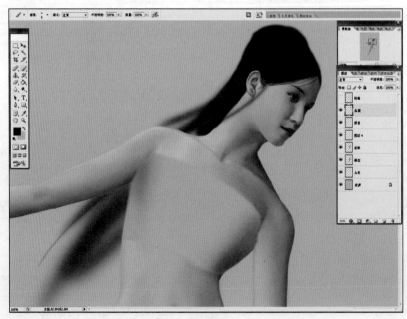

图9.15

（2）用较浅的颜色绘制出头发的光泽，以显示出发丝的走向。同时，更加深入地描绘出部分发丝。调整画笔的"不透明度"，改变绘制的光洁度，使发丝看上去更加自然，如图9.16所示。

图9.16

（3）以发丝的走向和光源方向为基础，用较浅的颜色绘制出头发的高光部分，如图9.17所示。

图9.17

9.5　衣服的绘制

下面进行衣服的绘制。

（1）在上层的"头发"图层上新建"衣服"图层，单击"线稿"图层前的 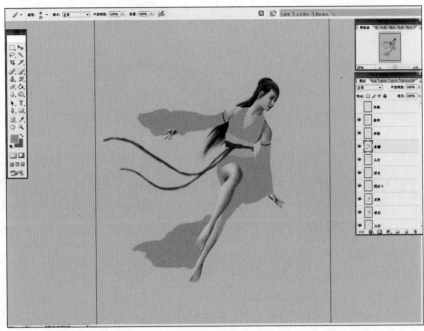 按钮，恢复"线稿"图层的可视状态。参考线稿的衣服区域，用灰色调绘制出衣服的大体形状。注意该过程不必完全依据线稿，只要大致走向符合即可，实际绘制中可放得更开些。然后新建"束腰"图层，用黄色绘制出束腰的形状；接着新建"腰带"图层，用红色绘制出腰带和手臂上的带子，如图9.18所示。

图9.18

（2）刻画衣服的质感。在"衣服"图层中，亮面用白色，暗面用偏向肤色的灰色，绘制出衣服的皱褶。这里需注意所选颜色的明度与环境光源要相契合，不要太过突兀。这样的用色方法可以使衣服有一种半透明的效果，如图9.19所示。

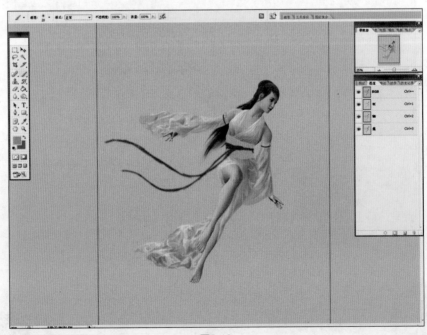

图9.19

（3）在"束腰"图层中绘制出束腰的皱褶和体积关系，暗面用稍微偏绿的颜色，这样可以使画面看起来更自然，效果如图9.20所示。

图9.20

（4）为了使画面中的笔触更加丰富，可以自定义画笔。执行"文件|新建"命令，新建一个文件，设置背景色为白色，然后用像素为1的黑色画笔绘制出几个相近的点，接着用"矩形选框工具" ▢ 选中这几个点，如图9.21所示。

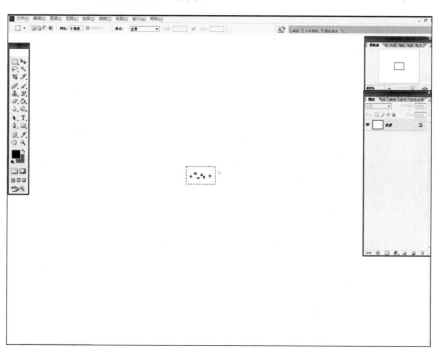

图9.21

（5）执行"编辑|定义画笔预设"命令，如图9.22所示。

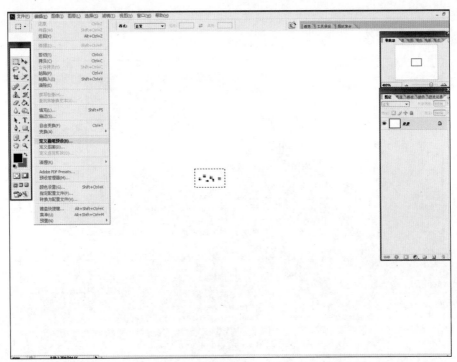

图9.22

（6）在弹出的对话框中为画笔命名，单击"好"按钮，保存该画笔，如图9.23所示。这样，新的画笔就生成了。为了使画笔更加多样，可以运用该方法多生成几个画笔。

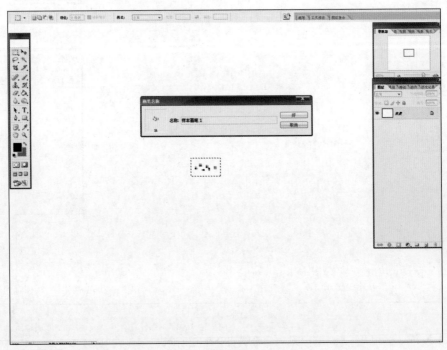

图9.23

（7）选择"画笔工具" ，在"画笔工具"的下拉列表中选中刚才新生成的画笔，如图9.24所示。

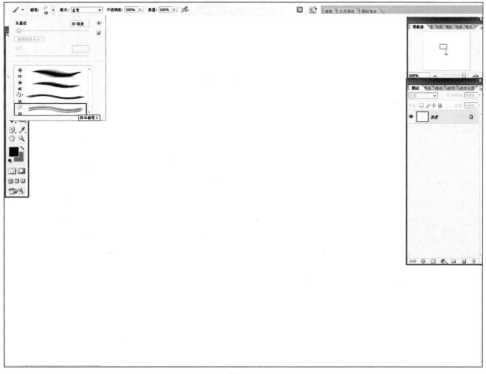

图9.24

（8）调整自定义画笔。用新的画笔在画布上试画，可以发现画出的笔触并没有毛刷的效果，而是一些断开的点。此时可以打开位于右上角的画笔属性面板，在"画笔笔尖形状"页面调整"间距"参数，直到画笔能画出连贯的笔触为止，如图9.25所示。

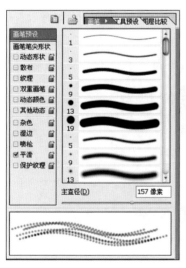
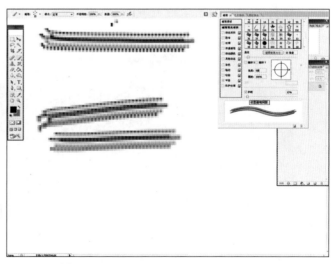

图9.25

（9）重新在画布上试画，此时笔触呈现出连贯的毛刷效果，如图9.26所示。

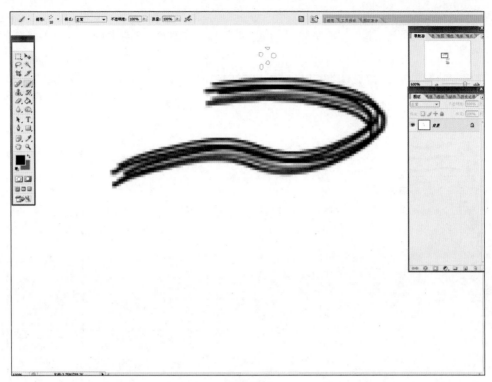

图9.26

（10）用新生成的画笔在"束腰"图层更深入地绘制出皱褶的立体感。物体在环境中呈现的颜色往往会受到环境光的影响，这里可以在接近腰带的地方加入一些红色，使画面看上去更真实自然，如图9.27所示。

图9.27

（11）在"腰带"图层中绘制出腰带大体的皱褶，注意它们之间的穿插关系，如图9.28所示。

图9.28

（12）用新生成的画笔细致刻画腰带，亮面可以用比较纯正的红色来绘制，暗面的某些地方可以用偏黄绿色来绘制，以体现束腰对腰带颜色的影响，如图9.29所示。

图9.29

 背景的绘制及画面的调整

下面绘制背景，并对整体画面进行调整。

（1）单击图层面板中的"背景"图层，在该图层中按预先设定的区域，用固有色粗略地绘制出背景，如图9.30所示。

图9.30

（2）新建"花"图层，在该图层中绘制出花朵及叶子的形状和颜色，如图9.31所示。

图9.31

（3）用较深且偏黄绿色的颜色绘制出花蕊等，如图9.32所示。

（4）深入刻画花朵，花瓣的颜色稍微偏绿，花蕊偏黄，注意花瓣的穿插关系。根据光源适当描绘花瓣层与层之间的阴影，以突出位置关系，如图9.33所示。

（5）绘制出叶子的明暗及颜色，注意相互之间的穿插关系，如图9.34所示。

图9.32

图9.33

图9.34

（6）在"花"图层上层新建"花卉"图层，在"花卉"图层中绘制出花丛的形状和颜色，注意要先画草再画花，如图9.35所示。

图9.35

（7）如果花丛的形状和画面不协调，可以通过"自由变换"进行调整。绘制出花丛的部分细节，使其看上去稍有体积感，如图9.36所示。

图9.36

（8）由于衣服的颜色和背景不是很协调，所以要对背景进行调整。执行"图像|调整|曲线"命令，在弹出的对话框中调整曲线以达到满意的效果，单击"好"按钮确认操作，如图9.37所示。曲线上的不同位置对应画面不同的亮度区域，在曲线上双击创建一个可操控的点，拖曳此点可对画面对应区域的明度进行调整，还可同时设定多个点，效果如图9.38所示。

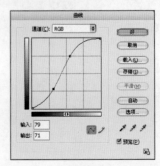

图9.37

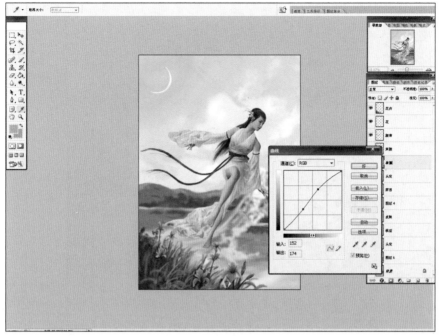

图9.38

（9）在"衣服"图层中深入刻画衣服，使过渡更加柔和，并多绘制出一些皱褶的细节。衣服飘起来部分的暗面可以透出少许底色，以突出布料的透明感，如图9.39所示。

图9.39

（10）在"花卉"图层中深入刻画花丛，绘制出草丛和红色小花的明暗，注意它们之间的穿插关系，如图9.40所示。

图9.40

（11）在"背景"图层中将背景刻画得更加细致，可以使用"粉笔"绘制出一种粗糙的感觉，如图9.41所示。

图9.41

（12）在"背景"图层上层新建一个图层，绘制出浪花。调整画笔的"不透明度"，以达到更好的效果，如图9.42所示。

图9.42

（13）深入刻画浪花。和衣服一样，对浪花的暗面也要做半透明处理。注意浪花和水面相接的部分颜色要略深，同时注意浪花投影的刻画，否则会影响浪花的质感，效果如图9.43所示。

图9.43

（14）在"花卉"图层上层新建"飞花"图层，根据风向绘制出蓝色和红色的花瓣。注意花瓣的分布，要表现出花瓣飘飞的随意性。在接近人物身体的区域，花瓣的密度可以稍微高一些，而远处花瓣的密度可以降低，逐渐变得稀疏，如图9.44所示。

图9.44

　　（15）给接近人物身体较近的花瓣添加高光和暗面，加强其立体感；用"橡皮擦工具"  擦除最远处花瓣的部分，以显出"虚"的感觉；对于中间的花瓣，则要注意远近两种效果的过渡，如图9.45所示。

图9.45

　　（16）此时画面的颜色基本绘制完成，可以看到天空的颜色、明暗度对画面的整体气氛产生了很大的影响。如果其出现和画面主元素不匹配的情况，可复制"背景"图层，选中"背景 副本"图层，执行"图像|调整|亮度/对比度"命令，如图9.46所示。

图9.46

（17）结合"亮度"和"对比度"两个选项对画面进行调整，直到天空的颜色合乎要求，与前景画面达到统一为止，单击"好"按钮确认操作，如图9.47所示。

图9.47

（18）调整"背景 副本"图层的时候，背景中的元素——山也发生了改变，可以用"橡皮擦工具" ，擦去"背景 副本"图层中的山及其倒影的一部分，露出"背景"图层中的山，然后在"背景 副本"图层将天空和云彩太过生硬的地方修改得柔和一些，完成后的作品如图9.48所示。

图9.48

熟悉人体的运动姿态，了解人体各个部位的动作幅度。

练习要求

① 用铅笔在纸上绘制人物各种姿态的草图。

② 适当夸张动作和表情。